综合能源服务解决方案

赵亮　主编

中国电力出版社
CHINA ELECTRIC POWER PRESS

内容提要

本书立足综合能源服务建设与运营特点，全面归纳综合能源服务典型应用场景及能源需求特征，给出了系统解决方案并配有丰富案例。介绍多场景下的综合能源服务全过程，提供全覆盖、可复制、可扩展的案例库，为综合能源服务方案制定提供借鉴。

本书共7章，主要内容包括综合能源服务综述，综合能源服务在学校、城市综合体、医院、园区以及工业企业场景下用能特征与系统解决方案，并提供了大量综合能源服务案例。此外，本书还展望了综合能源服务支撑新型城镇化建设的关键技术和构架思路。

本书可供各地政府节能主管部门、相关企业、行业协会的研究人员以及广大的综合能源服务实践者阅读参考。

图书在版编目（CIP）数据

综合能源服务解决方案与案例解析 / 赵亮主编 .—北京：中国电力出版社，2020.1（2023.3 重印）
ISBN 978-7-5198-4050-1

Ⅰ.①综… Ⅱ.①赵… Ⅲ.①能源管理－研究 Ⅳ.① TK018

中国版本图书馆 CIP 数据核字（2019）第 257898 号

出版发行：中国电力出版社
地　　址：北京市东城区北京站西街 19 号（邮政编码 100005）
网　　址：http://www.cepp.sgcc.com.cn
责任编辑：崔素媛　李文娟　孟花林（010-63412392）
责任校对：黄　蓓　李　楠
装帧设计：张俊霞
责任印制：杨晓东

印　刷：三河市航远印刷有限公司
版　次：2020 年 1 月第一版
印　次：2023 年 3 月北京第五次印刷
开　本：787 毫米 ×1092 毫米　16 开本
印　张：14.25
字　数：215 千字
定　价：78.00 元

编　委　会

主　　编　赵　亮

副 主 编　韩　冰　王迎秋　陈竟成　李树泉

编委会成员　孙鼎浩　梁宝全　唐志津　郭铁军　庄　剑　张兴华
陈银清　刘井军　马立东　李振雷　彭朝德　刘长利
卢　欣　钟　奕　寇建涛　朱孝成　曲道旻　郭海光
刘建军　尚学军　朱伯苓

编　写　组

编写组组长　唐志津

编写组成员　王　鑫　任　帅　张　剑　吴明雷　张　超　石　枫
李　民　赵晨阳　郭志彦　赵鲲鹏　张志敏　王小宇
于　波　王嘉庚　杨延春　王海巍　陈　彬　张智达
孟昭斌　韩慎朝　曹晓男　刘裕德　杨国朝　郭晓丹
隋淑慧　孙学文　张　凡　王翠敏　陈　曦　蔡林静
丁　玲　张荣荣　李文庆　张　鹏　朱晓辉

序

综合能源服务是一种新型的为满足终端用户多元化能源生产与消费的能源服务方式。随着新一轮科技革命和能源革命历史性交汇，综合能源服务与人工智能、物联网、区块链等技术深度融合将催生出大量新产品、新业态、新模式，并成为提升能源效率、提高新能源消纳比例、降低用能成本、提高用能清洁与安全性、促进竞争与合作的必然方向。

欧洲最早提出综合能源服务概念，美国、日本、加拿大等国紧随其后，围绕智能电网、分布式能源、能源系统耦合等方向，开展了大量研究实践。法国ENGIE集团、美国Opower能源管理公司、东京电力公司等发达国家能源企业早在二十年前便开展了相关探索。我国综合能源服务业务起步相对较晚，但是在国家相继出台能源体制、规划、价格、补贴、环保等配套政策以及市场需求持续扩大的双向驱动下，综合能源服务发展迅猛并进入业务成长阶段，未来发展前景十分广阔。

近年来，国网天津市电力公司（简称国网天津电力）在综合能源服务领域率先开展了大量有益的探索和尝试，建成全国首个省级综合能源服务中心等示范工程，完成了国网客服北方园区、北辰商务中心办公综合能源示范等一批重点项目，积累了丰富的做法和经验。

当前我国综合能源服务产业发展过程中，还存在用户对综合能源服务认识欠缺、社会对综合能源服务的节能效益认可度不高、从业人员综合能源服务解决方案的专业度和系统性缺乏等问题，一定程度上制约着我国综合能源服务产业的发展。为了解决这些问题，作者基于国网天津电力工程师们多年综合能源服务的工程实践经验，精心编写了这本名为《综合能源服务解决方案与案例解析》的书。此书用翔实的数据、丰富的案例，向广大读者展示了一揽子综合能源服务解决方案和实践工程，帮从业工程技术人员从实践层面增加对综合能源服务更深层次的理解和认识，因此这本书具有较高的工程参考价值和借鉴价值。

希望更多关心能源转型发展、综合能源发展的读者，有志于投身能源转型事业发展的工程技术人员和学者，都能从此书中获益。同时，也希望此书对增进社会各界对综合能源的认知有所裨益，对促进综合能源服务的健康快速发展有所贡献。

是为序。

余贻鑫

2019 年 12 月

前言

随着我国经济社会的持续发展，能源生产和消费模式正在发生重大转变。面对能源转型，国家电网有限公司（简称国网公司）承担着电力传输和供应的重要职责，肩负着国家节能减排、绿色发展的重要使命。推动新一代的综合能源服务业务，是贯彻落实习近平总书记关于能源“四个革命、一个合作”和国家“节约、清洁、安全”能源发展战略的具体措施，是主动适应能源供给侧改革和电力体制改革的新要求，也是支撑国家电网有限公司“三型两网、世界一流”能源互联网企业建设的重要途径。

综合能源服务是一种新型的为终端客户提供多元化能源生产与消费的能源服务方式，为用户提供“一站式、全方位、定制化”的能源解决方案，涵盖能源规划、建设、投资、运营及评价等，具有高效、融合、开放的特点。高效是指通过多能互补与梯级利用等节能技术服务提升综合能源用户的能源利用效率；融合是指通过多种能源系统友好互动并与信息系统深度融合，从而提升综合能源服务的包容性、实现多种能源资源的智慧利用；开放是指通过创新市场准入和商业模式开放综合能源服务市场，鼓励供给端、电网侧及售电侧等多方主体通过业务延伸参与综合能源服务市场，实现综合能源服务健康、有序发展。

2015 年 7 月国务院印发《关于积极推进“互联网 +”行动的指导意见》，对智慧能源消费模式的发展给出了指导性原则。涌现的新型能源消费模式对综合能源服务商的商业运营模式提出了更高要求，积极促进了合同能源管理、综合节能服务等市场化机制的发展和完善。2017 年 1 月国家能源局发布《关于公布首批多能互补集成优化示范工程的通知》，开展了首批 23 项多能互补集成优化示范工程，推动综合能源系统的规划、建设及运营等服务落地和推广。综合能源服务在关键技术应用以及商业模式创新上均得到国家政策的支持，国家级示范工程汇集了良好的运营经验。

2019 年 2 月国网公司正式印发《推进综合能源服务业务发展 2019—2020 年行动计划》。该计划提出，技术层面，坚持以电为中心、多能互济，以推进能源互联网、智慧用能为发展方向，构建开放、合作、共赢的能源服务平台；业务层面，明确布局综合能效服务、供冷供热供电多能服务、分布式清洁能源服务和专属电动汽车服务等四大重点业务领域，建立前端开拓与后台支撑高度协同的市场化运作体系，开展混合所有制试点。

我国现阶段的综合能源服务在政策、市场、技术等多重因素作用下，已由概念导入、项目孵化、市场验证迈向业务成长阶段，综合能源服务前景广阔、增长速度快、竞争强度高，电、气、热等行业竞争性合作关系持续加强，企业竞争将逐渐升级为商业生态圈竞争。由于综合能源服务发展中存在知识领域多、用户需求多样化、经济性有待提升以及商业模式有待规范的问题，在业务快速增长的条件下，从业人员很难精准定位用户需求并快速提供综合能源服务解决方案。

本书针对上述问题，从国网公司提出的综合能源服务四大重点业务领域出发，结合综合能源服务发展实际，首先对现阶段应用广泛的综合能源服务技术和商业模式进行了归纳，全面介绍了省级综合能源服务中心的关键技术与核心功能。其次，全面分析了综合能源服务在学校、城市综合体、医院、园区以及工业企业的系统解决方案，为综合能源从业者提供了可选择的能源服务解决方案，且针对不同类型用户提供了大量综合能源服务实例，以便读者系统理解综合能源关键技术与商业模式，推动综合能源服务的全面开展。最后，对综合能源服务提出展望并对案例进行分析。

希望本书的出版能对我国的综合能源服务产业发展有所裨益，也希望更多的领导、学者以及业界同仁对本书的内容提出宝贵意见和建议。

限于时间和能力，本书难免有疏漏之处，请广大读者批评指正。

赵　亮
2019 年 12 月

目录 CONTENTS

2 学校领域的综合能源服务解决方案

3 城市综合体领域的综合能源服务解决方案

4 医院领域的综合能源服务解决方案

1 综合能源服务综述

综合能源系统是城市能源互联网的核心要素。综合能源服务是一种新型的、为终端客户提供多元化能源生产与消费的能源服务方式，其涵盖能源规划设计、工程投资建设、多能源运营服务以及投融资服务等方面。综合能源服务包含两方面的内容：一是涵盖电力、燃气和冷热等系统的多种能源系统的规划、建设和运行，为用户提供“一站式、全方位、定制化”的能源解决技术方案；二是综合能源服务的商业模式，涵盖用能设计、规划，能源系统建设，用户侧用能系统托管、维护，能源审计、节能减排建设等综合能源项目管理运营全过程。

通过实施综合能源服务，用户可最大限度发挥自身能源资源优势、因地制宜选用供能技术和管理模式，实现能源的高效利用、获得更优质的用能体验。实施综合能源服务后，用户可实现节能减排的环保效益和减少投资、节约运行成本的经济效益。本书实践案例显示，综合能源服务为用户解决资金投入难题、提供节能环保舒适的用能方案，获得极大环保、经济和社会效益。

综合能源服务业务潜力空间巨大，市场潜力吸引了各方关注和参与，综合能源服务在政策、市场、技术等多重因素作用下，正由概念导入、项目孵化、市场验证迈向业务成长阶段。一是市场前景广，规模快速增长。二是竞争强度高，电、气、热等行业竞争性合作关系持续加强，企业竞争将逐渐升级为商业生态圈竞争。

现阶段综合能源服务发展中存在知识领域多、用户需求多样化、经济性有待提升和商业模式不成熟的问题，在综合能源服务实践过程中，从业人员很难精准地定位用户需求、快速给出解决方案。因而，本书总结了已有综合能源服务典型技术和商业模式的实践服务方案，形成分场景、成体系的服务方案库，为从业人员评价项目经济性、开展综合能源服务实践提供参考依据。

按照国家电网有限公司明确综合能源服务四大重点业务领域，结合天津综合能源服务业务发展实际，对现阶段应用较为广泛的综合能源服务关键技术和商业模式进行了归纳。其中，综合能源服务关键技术可分为 4 类，分别是综合能效服务技术 7 种、供冷供热供电多能服务技术 9 种、分布式清洁能源服务 4 种、专属电动汽车服务 3 种，综合能源服务商业模式 7 种。为各种重点用户类型在不同边界条件下，提供满足用户需求的技术和商业模式，形成组合方案 95 套。其中，学校用户方案 45 套、城市综合体用户方案 10 套、医院用户方案 10

套、园区用户方案 10 套、工业企业用户 20 套，详见后文介绍。

1.1 技术模块与商业模式分类

1.1.1 技术模块分类

综合能源关键技术是开展综合能源服务的基础和前提，通过对传统能源系统的改造、升级和创新，可提出综合能源供给的优化解决方案。结合综合能源服务业务实践，归纳出 4 类 23 种综合能源关键技术，见表 1–1。

表 1–1 综合能源服务关键技术

<table>
<tr><th>类别</th><th>名称</th></tr>
<tr><td rowspan="7">综合能效服务</td><td>照明改造技术</td></tr>
<tr><td>电动机变频技术</td></tr>
<tr><td>空调节能改造</td></tr>
<tr><td>锅炉节能改造</td></tr>
<tr><td>配电网节能改造</td></tr>
<tr><td>余热余压利用</td></tr>
<tr><td>客户能效管理</td></tr>
<tr><td rowspan="9">供冷供热供电多能服务</td><td>冷热电三联供技术</td></tr>
<tr><td>太阳能光热发电技术</td></tr>
<tr><td>生物质发电技术</td></tr>
<tr><td>水源、地源、空气源热泵技术</td></tr>
<tr><td>工业余热热泵技术</td></tr>
<tr><td>低温供热堆技术</td></tr>
<tr><td>碳晶电采暖技术</td></tr>
<tr><td>蓄热式电锅炉技术</td></tr>
<tr><td>蓄冷式空调技术</td></tr>
<tr><td rowspan="4">分布式清洁能源服务</td><td>分布式光伏发电</td></tr>
<tr><td>光伏幕墙</td></tr>
<tr><td>分布式风力发电</td></tr>
<tr><td>燃气轮机发电</td></tr>
</table>

续表

类别	名称
专属电动汽车服务	电动汽车租赁服务
	充电站建设服务
	充电设施运维服务

1.1.2 商业模式分类

健全、合理、高效的商业运营模式有利于综合能源服务参与方分享能源利用优化红利，有助于综合能源服务全面推广、健康发展。通过分析多年实际项目的运营，总结出7类典型商业模式，见表1–2。

表1-2 综合能源服务商业模式

类别	名称
商业模式	合同能源管理（EMC）
	能源托管
	建设—运营—移交（BOT）
	移交—经营—移交（TOT）
	建设—拥有—运营（BOO）
	设备租赁模式
	公私合营（PPP）

1.1.3 增值服务

综合能源增值服务是用于提升综合能源服务商业竞争力、精确满足个性化用能需求，提高用户用能体验和经济性的服务。综合能源增值服务具体涵盖以下几个方面：

（1）自动测算、调整基本电费政策业务；

（2）在满足条件时，自动执行“双蓄”电价（对使用蓄热蓄冷设备储存电能的用户实行的低谷优待电价）业务；

（3）大用户直购电代理业务；

（4）智能调节峰谷负荷参与需求响应业务；

（5）能效评估、功率因数调整及电费补偿业务；

（6）智能终端检测业务；

（7）推荐参与电费网银、享受电力金融业务；

（8）推荐和协助绿色企业 / 建筑认证业务；

（9）搭建同行业企业交流平台业务；

（10）优先获得电力大客户俱乐部会员资格业务。

1.2 服务方案组合

上述综合能源服务关键技术和商业模式可针对用户不同边界条件形成多种综合能源服务方案。在实践中总结出五种典型用户，每类用户有多种服务方案可选，具体包括学校领域、城市综合体领域、医院领域、园区领域和工业企业领域，分别见表 1-3 ～表 1-10。

表 1-3 学校领域幼儿园用户的综合能源服务方案

客户细分	边界条件	推荐服务方案 1		推荐服务方案 2		推荐服务方案 3		推荐服务方案 4		推荐服务方案 5	
		技术方案	商业模式	技术方案	商业模式	技术方案	商业模式	技术方案	商业模式	技术方案	商业模式
幼儿园	在运	照明改造技术＋空调节能改造＋碳晶电采暖技术＋分布式光伏发电	合同能源管理（EMC）	照明改造技术＋空调节能改造＋水源、地源、空气源热泵技术＋分布式光伏发电	合同能源管理（EMC）	照明改造技术＋空调节能改造＋蓄热式电锅炉＋分布式光伏发电	合同能源管理（EMC）	照明改造技术＋空调节能改造＋碳晶电采暖技术＋蓄冷式空调技术＋分布式光伏发电	合同能源管理（EMC）	照明改造技术＋空调节能改造＋蓄热式电锅炉＋蓄冷式空调技术＋分布式光伏发电	合同能源管理（EMC）
	新建：有供冷需求	水源、地源、空气源热泵技术＋蓄冷式空调技术＋分布式光伏发电	能源托管	碳晶电采暖技术＋蓄冷式空调技术＋分布式光伏发电	能源托管	蓄热式电锅炉＋蓄冷式空调技术＋分布式光伏发电	能源托管	碳晶电采暖技术＋蓄冷式空调技术＋分布式光伏发电＋光伏幕墙	能源托管	蓄热式电锅炉＋蓄冷式空调技术＋分布式光伏发电＋光伏幕墙	能源托管
	新建：无供冷需求	碳晶电采暖技术＋分布式光伏发电	能源托管	蓄热式电锅炉＋分布式光伏发电	能源托管	碳晶电采暖技术＋蓄热式电锅炉＋分布式光伏发电	能源托管	碳晶电采暖技术＋分布式光伏发电＋光伏幕墙	能源托管	蓄热式电锅炉＋分布式光伏发电＋光伏幕墙	能源托管

表 1-4 学校领域中小学用户的综合能源服务方案

客户细分	边界条件	推荐服务方案 1		推荐服务方案 2		推荐服务方案 3		推荐服务方案 4		推荐服务方案 5	
		技术方案	商业模式	技术方案	商业模式	技术方案	商业模式	技术方案	商业模式	技术方案	商业模式
中小学	在运：有住宿	照明改造技术＋空调节能改造＋碳晶电采暖技术＋蓄冷式空调技术＋分布式光伏发电	合同能源管理（EMC）	照明改造技术＋空调节能改造＋水源、地源、空气源热泵技术＋分布式光伏发电	合同能源管理（EMC）	照明改造技术＋空调节能改造＋蓄热式电锅炉＋分布式光伏发电	合同能源管理（EMC）	照明改造技术＋空调节能改造＋蓄热式电锅炉＋蓄冷式空调技术＋分布式光伏发电	合同能源管理（EMC）	照明改造技术＋空调节能改造＋碳晶电采暖技术＋蓄冷式空调技术＋分布式光伏发电	合同能源管理（EMC）
	在运：无住宿	照明改造技术＋空调节能改造＋碳晶电采暖技术＋分布式光伏发电	合同能源管理（EMC）	照明改造技术＋空调节能改造＋水源、地源、空气源热泵技术＋分布式光伏发电	合同能源管理（EMC）	照明改造技术＋空调节能改造＋蓄热式电锅炉＋分布式光伏发电	合同能源管理（EMC）	照明改造技术＋空调节能改造＋蓄热式电锅炉＋蓄冷式空调技术＋分布式光伏发电	合同能源管理（EMC）	照明改造技术＋空调节能改造＋碳晶电采暖技术＋蓄冷式空调技术＋分布式光伏发电	合同能源管理（EMC）
	新建：有供冷需求	水源、地源、空气源热泵技术＋蓄冷式空调技术＋分布式光伏发电	能源托管	碳晶电采暖技术＋蓄冷式空调技术＋分布式光伏发电	能源托管	蓄热式电锅炉＋蓄冷式空调技术＋分布式光伏发电	能源托管	碳晶电采暖技术＋蓄冷式空调技术＋分布式光伏发电＋光伏幕墙	能源托管	蓄热式电锅炉＋蓄冷式空调技术＋分布式光伏发电＋光伏幕墙	能源托管
	新建：无供冷需求	碳晶电采暖技术＋分布式光伏发电	能源托管	蓄热式电锅炉＋分布式光伏发电	能源托管	碳晶电采暖技术＋蓄热式电锅炉＋分布式光伏发电	能源托管	碳晶电采暖技术＋分布式光伏发电＋光伏幕墙	能源托管	蓄热式电锅炉＋分布式光伏发电＋光伏幕墙	能源托管

表 1-5 学校领域大学用户的综合能源服务方案

客户细分	边界条件	推荐服务方案 1		推荐服务方案 2		推荐服务方案 3		推荐服务方案 4		推荐服务方案 5	
		技术方案	商业模式	技术方案	商业模式	技术方案	商业模式	技术方案	商业模式	技术方案	商业模式
大学	新建	客户能效管理 + 水源、地源、空气源热泵技术 + 碳晶电采暖技术 + 蓄冷式空调技术 + 分布式光伏发电 + 光伏幕墙 + 电动汽车租赁服务 + 充电站建设服务 + 充电设施运维服务	能源托管	水源、地源、空气源热泵技术 + 碳晶电采暖技术 + 蓄冷式空调技术 + 分布式光伏发电 + 电动汽车租赁服务 + 充电站建设服务 + 充电设施运维服务	能源托管	蓄热式电锅炉 + 电动汽车租赁服务 + 充电站建设服务 + 充电设施运维服务	能源托管	照明改造技术 + 空调节能改造 + 客户能效管理 + 水源、地源、空气源热泵技术 + 碳晶电采暖技术 + 蓄冷式空调技术 + 分布式光伏发电 + 光伏幕墙 + 电动汽车租赁服务 + 充电站建设服务 + 充电设施运维服务	能源托管	蓄热式电锅炉 + 蓄冷式空调技术 + 分布式光伏发电 + 光伏幕墙 + 电动汽车租赁服务 + 充电设施运维服务	能源托管
	在运	客户能效管理 + 水源、地源、空气源热泵技术 + 蓄热式电锅炉 + 蓄冷式空调技术 + 分布式光伏发电 + 光伏幕墙 + 电动汽车租赁服务 + 充电站建设服务 + 充电设施运维服务	合同能源管理（EMC）	水源、地源、空气源热泵技术 + 蓄热式电锅炉 + 蓄冷式空调技术 + 分布式光伏发电 + 充电站建设服务 + 充电设施运维服务	合同能源管理（EMC）	照明改造技术 + 空调节能改造 + 客户能效管理 + 水源、地源、空气源热泵技术 + 碳晶电采暖技术 + 蓄冷式空调技术 + 分布式光伏发电 + 光伏幕墙 + 电动汽车租赁服务 + 充电站建设服务 + 充电设施运维服务	合同能源管理（EMC）	碳晶电采暖技术 + 蓄冷式空调技术 + 分布式光伏发电 + 光伏幕墙 + 电动汽车租赁服务 + 充电设施运维服务	合同能源管理（EMC）	蓄热式电锅炉 + 蓄冷式空调技术 + 分布式光伏发电 + 光伏幕墙 + 电动汽车租赁服务 + 充电设施运维服务	合同能源管理（EMC）

表 1-6 城市综合体领域用户的综合能源服务方案

客户细分	边界条件	推荐服务方案 1		推荐服务方案 2		推荐服务方案 3		推荐服务方案 4		推荐服务方案 5	
		技术方案	商业模式	技术方案	商业模式	技术方案	商业模式	技术方案	商业模式	技术方案	商业模式
城市综合体	新建	客户能效管理＋水源、地源、空气源热泵技术＋蓄热式电锅炉＋蓄冷式空调技术＋分布式光伏发电＋光伏幕墙＋充电站建设服务＋充电设施运维服务	能源托管	水源、地源、空气源热泵技术＋分布式光伏发电＋光伏幕墙－充电站建设服务＋充电设施运维服务	能源托管	蓄热式电锅炉＋充电站建设服务＋充电设施运维服务	能源托管	客户能效管理＋水源、地源、空气源热泵技术＋蓄热式电锅炉＋蓄冷式空调技术＋充电站建设服务＋充电设施运维服务	能源托管	客户能效管理＋水源、地源、空气源热泵技术＋蓄热式电锅炉＋蓄冷式空调技术	能源托管
	在运	照明改造技术＋空调节能改造＋客户能效管理＋蓄热式电锅炉＋蓄冷式空调技术＋分布式光伏发电＋光伏幕墙＋充电站建设服务＋充电设施运维服务	合同能源管理（EMC）	客户能效管理＋水源、地源、空气源热泵技术＋蓄热式电锅炉＋蓄冷式空调技术＋分布式光伏发电＋光伏幕墙＋充电站建设服务＋充电设施运维服务	合同能源管理（EMC）	水源、地源、空气源热泵技术＋蓄热式电锅炉＋蓄冷式空调技术＋分布式光伏发电＋充电站建设服务＋充电设施运维服务	合同能源管理（EMC）	照明改造技术＋空调节能改造＋碳晶电采暖技术＋分布式光伏发电	合同能源管理（EMC）	水源、地源、空气源热泵技术＋蓄热式电锅炉＋蓄冷式空调技术＋分布式光伏发电	合同能源管理（EMC）

表 1-7　医院领域用户的综合能源服务方案

客户细分	边界条件	推荐服务方案 1		推荐服务方案 2		推荐服务方案 3		推荐服务方案 4		推荐服务方案 5	
		技术方案	商业模式	技术方案	商业模式	技术方案	商业模式	技术方案	商业模式	技术方案	商业模式
医院	新建	客户能效管理 + 水源、地源、空气源热泵技术 + 蓄热式电锅炉 + 蓄冷式空调技术 + 分布式光伏发电 + 光伏幕墙 + 充电站建设服务 + 充电设施运维服务	能源托管	水源、地源、空气源热泵技术 + 蓄热式电锅炉 + 蓄冷式空调技术 + 分布式光伏发电 + 充电站建设服务 + 充电设施运维服务	能源托管	蓄热式电锅炉 + 充电站建设服务 + 充电设施运维服务	能源托管	蓄热式电锅炉 + 蓄冷式空调技术 + 分布式光伏发电 + 充电站建设服务 + 充电设施运维服务	能源托管	水源、地源、空气源热泵技术 + 蓄热式电锅炉 + 分布式光伏发电 + 充电站建设服务 + 充电设施运维服务	能源托管
	在运	照明改造技术 + 空调节能改造 + 客户能效管理 + 蓄热式电锅炉 + 蓄冷式空调技术 + 分布式光伏发电 + 光伏幕墙 + 充电站建设服务 + 充电设施运维服务	合同能源管理（EMC）	客户能效管理 + 水源、地源、空气源热泵技术 + 蓄热式电锅炉 + 蓄冷式空调技术 + 分布式光伏发电 + 光伏幕墙 + 充电站建设服务 + 充电设施运维服务	合同能源管理（EMC）	水源、地源、空气源热泵技术 + 碳晶电采暖技术 + 蓄冷式空调技术 + 分布式光伏发电 + 充电站建设服务 + 充电设施运维服务	合同能源管理（EMC）	碳晶电采暖技术 + 蓄冷式空调技术 + 分布式光伏发电 + 充电站建设服务 + 充电设施运维服务	合同能源管理（EMC）	蓄热式电锅炉 + 蓄冷式空调技术 + 分布式光伏发电 + 充电站建设服务 + 充电设施运维服务	合同能源管理（EMC）

表 1-8 园区领域用户的综合能源服务方案

客户细分	边界条件	推荐服务方案 1		推荐服务方案 2		推荐服务方案 3		推荐服务方案 4		推荐服务方案 5	
		技术方案	商业模式	技术方案	商业模式	技术方案	商业模式	技术方案	商业模式	技术类别	商业模式
园区	新建	余热余压利用＋客户能效管理＋冷热电三联供技术＋水源、地源、空气源热泵技术＋工业余热热泵技术＋蓄热式电锅炉＋蓄冷式空调技术＋分布式风力发电＋电动汽车租赁服务＋充电站建设服务＋充电设施运维服务	能源托管	冷热电三联供技术＋水源、地源、空气源热泵技术＋蓄热式电锅炉＋蓄冷式空调技术＋电动汽车租赁服务＋充电站建设服务＋充电设施运维服务	建设—拥有—运营（BOO）	余热余压利用＋冷热电三联供技术＋水源、地源、空气源热泵技术＋工业余热热泵技术＋蓄热式电锅炉＋蓄冷式空调技术＋电动汽车租赁服务＋充电站建设服务＋充电设施运维服务	建设—运营—移交（BOT）	余热余压利用＋水源、地源、空气源热泵技术＋工业余热热泵技术＋蓄热式电锅炉＋蓄冷式空调技术＋分布式风力发电＋电动汽车租赁服务＋充电站建设服务＋充电设施运维服务	建设—运营—移交（BOT）	水源、地源、空气源热泵技术＋工业余热热泵技术＋蓄热式电锅炉＋蓄冷式空调技术＋分布式风力发电＋电动汽车租赁服务＋充电站建设服务＋充电设施运维服务	建设—运营—移交（BOT）
	在运	配电网节能改造＋余热余压利用＋客户能效管理＋冷热电三联供技术＋水源、地源、空气源热泵技术＋工业余热热泵技术＋蓄热式电锅炉＋蓄冷式空调技术＋分布式风力发电＋电动汽车租赁服务＋充电站建设服务＋充电设施运维服务	合同能源管理（EMC）、能源托管	配电网节能改造＋冷热电三联供技术＋水源、地源、空气源热泵技术＋蓄热式电锅炉＋蓄冷式空调技术＋电动汽车租赁服务＋充电站建设服务＋充电设施运维服务	建设—拥有—运营（BOO）	配电网节能改造＋余热余压利用＋冷热电三联供技术＋水源、地源、空气源热泵技术＋工业余热热泵技术＋蓄热式电锅炉＋蓄冷式空调技术＋电动汽车租赁服务＋充电站建设服务＋充电设施运维服务	建设—运营—移交（BOT）	配电网节能改造＋冷热电三联供技术＋水源、地源、空气源热泵技术＋工业余热热泵技术＋蓄热式电锅炉＋蓄冷式空调技术＋电动汽车租赁服务＋充电站建设服务＋充电设施运维服务	建设—运营—移交（BOT）	余热余压利用＋冷热电三联供技术＋水源、地源、空气源热泵技术＋工业余热热泵技术＋蓄热式电锅炉＋蓄冷式空调技术＋电动汽车租赁服务＋充电站建设服务＋充电设施运维服务	建设—运营—移交（BOT）

表 1-9 工业企业领域一般生产企业用户的综合能源服务方案

客户细分	边界条件	推荐服务方案 1		推荐服务方案 2		推荐服务方案 3		推荐服务方案 4		推荐服务方案 5	
		技术方案	商业模式	技术方案	商业模式	技术方案	商业模式	技术方案	商业模式	技术方案	商业模式
一般生产企业	新建	客户能效管理＋水源、地源、空气源热泵技术＋工业余热热泵＋蓄热式电锅炉＋蓄冷式空调技术＋分布式光伏发电＋光伏幕墙＋电动汽车租赁服务＋充电站建设服务＋充电设施运维服务	能源托管	客户能效管理＋水源、地源、空气源热泵技术＋工业余热热泵＋蓄热式电锅炉＋蓄冷式空调技术＋充电站建设服务＋充电设施运维服务	能源托管	水源、地源、空气源热泵技术＋工业余热热泵＋蓄热式电锅炉＋蓄冷式空调技术＋充电站建设服务＋充电设施运维服务	能源托管	蓄热式电锅炉＋蓄冷式空调技术＋充电站建设服务＋充电设施运维服务	能源托管	水源、地源、空气源热泵技术＋蓄热式电锅炉＋充电站建设服务＋充电设施运维服务	能源托管
	在运	照明改造技术＋电动机变频技术＋空调节能改造＋锅炉节能改造＋配电网节能改造＋客户能效管理＋水源、地源、空气源热泵技术＋蓄热式电锅炉＋蓄冷式空调技术＋分布式光伏发电＋光伏幕墙＋电动汽车租赁服务＋充电站建设服务＋充电设施运维服务	合同能源管理（EMC）	照明改造技术＋电动机变频技术＋空调节能改造＋配电网节能改造＋客户能效管理＋水源、地源、空气源热泵技术＋蓄热式电锅炉＋蓄冷式空调技术＋分布式光伏发电＋光伏幕墙＋电动汽车租赁服务＋充电站建设服务＋充电设施运维服务	合同能源管理（EMC）	照明改造技术＋电动机变频技术＋空调节能改造＋锅炉节能改造＋配电网节能改造＋客户能效管理＋水源、地源、空气源热泵技术＋蓄热式电锅炉＋蓄冷式空调技术＋电动汽车租赁服务＋充电站建设服务＋充电设施运维服务	合同能源管理（EMC）	照明改造技术＋电动机变频技术＋空调节能改造＋锅炉节能改造＋配电网节能改造＋蓄热式电锅炉＋蓄冷式空调技术＋电动汽车租赁服务＋充电站建设服务＋充电设施运维服务	合同能源管理（EMC）	照明改造技术＋电动机变频技术＋空调节能改造＋锅炉节能改造＋配电网节能改造＋客户能效管理＋水源、地源、空气源热泵技术＋蓄热式电锅炉＋电动汽车租赁服务＋充电站建设服务＋充电设施运维服务	合同能源管理（EMC）

表 1-10 工业企业领域高耗能企业用户的综合能源服务方案

客户细分	边界条件	服务方案推荐 1		服务方案推荐 2		服务方案推荐 3		服务方案推荐 4		服务方案推荐 5	
		技术方案	商业模式	技术方案	商业模式	技术方案	商业模式	技术方案	商业模式	技术方案	商业模式
钢铁、化工等高耗能企业	新建	水源、地源、空气源热泵技术 + 工业余热热泵技术 + 蓄热式电锅炉技术 + 蓄冷式空调技术 + 分布式光伏发电 + 光伏幕墙 + 电动汽车租赁服务 + 充电站建设服务 + 充电设施运维服务	能源托管	水源、地源、空气源热泵技术 + 工业余热热泵技术 + 蓄冷式空调技术 + 分布式光伏发电 + 光伏幕墙 + 电动汽车租赁服务 + 充电站建设服务 + 充电设施运维服务	能源托管	水源、地源、空气源热泵技术 + 工业余热热泵技术 + 蓄冷式空调技术 + 分布式光伏发电 + 电动汽车租赁服务 + 充电站建设服务 + 充电设施运维服务	能源托管	水源、地源、空气源热泵技术 + 工业余热热泵技术 + 蓄冷式空调技术 + 光伏幕墙 + 充电站建设服务 + 充电设施运维服务	能源托管	水源、地源、空气源热泵技术 + 工业余热热泵技术 + 分布式光伏发电 + 充电站建设服务 + 充电设施运维服务	能源托管
	在运	照明改造技术 + 电动机变频技术 + 空调节能改造 + 锅炉节能改造 + 配电网节能改造 + 余热余压利用 + 客户能效管理 + 水源、地源、空气源热泵技术 + 工业余热热泵技术 + 蓄热式电锅炉技术 + 蓄冷式空调技术 + 分布式光伏发电 + 光伏幕墙 + 电动汽车租赁服务 + 充电站建设服务 + 充电设施运维服务	合同能源管理（EMC）	照明改造技术 + 空调节能改造 + 配电网节能改造 + 余热余压利用 + 客户能效管理 + 水源、地源、空气源热泵技术 + 工业余热热泵技术 + 蓄冷式空调技术 + 分布式光伏发电 + 光伏幕墙 + 电动汽车租赁服务 + 充电站建设服务 + 充电设施运维服务	合同能源管理（EMC）	照明改造技术 + 空调节能改造 + 配电网节能改造 + 余热余压利用 + 客户能效管理 + 水源、地源、空气源热泵技术 + 工业余热热泵技术 + 蓄冷式空调技术 + 分布式光伏发电 + 电动汽车租赁服务 + 充电站建设服务 + 充电设施运维服务	合同能源管理（EMC）	照明改造技术空调节能改造 + 配电网节能改造 + 余热余压利用 + 客户能效管理 + 水源、地源、空气源热泵技术 + 工业余热热泵技术 + 蓄热式电锅炉技术 + 蓄冷式空调技术 + 光伏幕墙 + 充电站建设服务 + 充电设施运维服务	合同能源管理（EMC）	照明改造技术 + 电动机变频技术 + 锅炉节能改造 + 配电网节能改造 + 余热余压利用 + 客户能效管理 + 水源、地源、空气源热泵技术 + 工业余热热泵技术 + 蓄冷式空调技术 + 光伏幕墙 + 充电站建设服务 + 充电设施运维服务	合同能源管理（EMC）

1.3 技术模块详解

1.3.1 综合能效服务

1. 照明改造技术

照明改造技术是指应用绿色照明替换原有照明设备以达到改善照明条件和节能目的的技术。绿色照明是指通过科学的照明设计，采用效率高、寿命长、安全和性能稳定的照明电器产品，改善提高人们工作、学习、生活的条件和质量，从而创造一个舒适、安全、经济、有益的环境并充分体现现代文明的照明。绿色照明内涵包含高效节能、环保、安全、舒适 4 项指标，不可或缺。

如已有照明设备存在能耗高、光照差的问题，可对用户进行照明改造，采用绿色照明技术替换原有照明系统。绿色照明技术可以用较少的电能获得较好的照明效果，减少电力消耗，降低大气污染物排放量，达到节能环保的目的。影响绿色照明技术节能环保效果的因素包括照明器材、照明工程设计、系统运行维护管理等。其中，高效节能的照明器材是首要因素，正确合理的照明工程设计对实现绿色照明起着决定性的作用。

2. 电动机变频技术

为了保证生产的可靠性，各种生产机械在设计配用动力驱动时，都留有一定的富余量。因而电机不能在满负荷下运行，除达到动力驱动要求外，多余的力矩增加了有功功率的消耗，造成电能的浪费。变频器是利用电力半导体器件的通断作用将工频电源变换为另一频率的电能控制装置，能实现交流异步电动机的软起动、变频调速、提高运转精度、改变功率因数、过流 / 过压 / 过载保护等功能，变频器接入系统示意见图 1-1。通过变频调速、无功补偿以及软起动

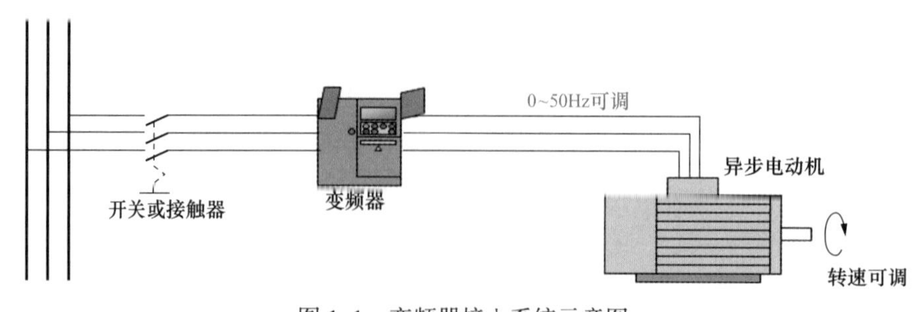

图 1-1 变频器接入系统示意图

三种途径，实现降低耗电功率、提高功率因数的效果，最终实现节能降耗效果，提高综合能源系统的用能效率。

3. 空调节能改造

暖通空调系统作为高层楼宇建筑内高耗能项目，已经成为现代建筑节能的重点方向。在现有供冷系统老化、能耗高、制冷效果差、环境污染严重、设计不合理、管理粗放等情况下，可应用空调节能改造技术。通过对暖通空调的节能改造，优化运行管理，可有效降低空调的运行能耗，实现节能减排。暖通空调的节能改造有以下两种方法：

（1）管理节能。在保障建筑物舒适的前提下，通过对行为的约束管理或通过调整设备的不合理运行状态来达到节能的目的。

（2）技术节能。依靠先进的科学技术，通过对建筑物内用能设备的改进来达到节能的目的。技术节能有两种方法，一种是提高用能设备的效率，另一种是通过技术手段调整设备的运行状态，从而避免不必要的能源浪费。

空调节能改造主要技术涵盖以下几方面。

（1）智能控制技术。内置专家策略，实时调节空调制冷（热）输出，以精细化主动管理达到节能效果。

（2）余热回收技术。空调主机冷凝器回路加装热回收装置，将冷却塔等散热设备排出的余热回收用于生活热水。

（3）新风自然冷却技术。利用室外低温新风引入空调区域，带走热量可减少空调主机、辅助设备的运行，实现节能。

（4）玻璃幕墙贴膜节能技术。玻璃幕墙贴膜以 PET 聚酯薄膜为基础材料，内含纳米级二氧化钒材料经三层共挤双向拉伸设备制备而成。利用二氧化钒的相变特点，根据环境温度变化自动实现对太阳能的调控，夏天隔热、冬天吸热。

4. 锅炉节能改造

锅炉节能改造技术，是把高新材料技术、燃烧技术和锅炉综合技术有机结合在一起，通过一系列物理、化学变化，使燃烧煤达到强化燃烧、充分燃烧、完全燃烧的一种全新的燃烧方式。它可以提高锅炉的热效率，能够使锅炉的热效率达到 70%~80%，可以节煤 10%~15%。锅炉节能改造主要包含锅炉系统节能改造、富氧燃烧节能改造、受热面加装吹灰器、锅炉蒸汽蓄热器、蒸汽冷凝水回收以及防垢除垢技术六个方面。

5. 配电网节能改造

配电网节能改造是通过对配电网物理架构、设备工艺、运行控制以及精细管理等方面进行改造和优化，达到降低损耗和节能的效果。根据配电网的特点，可以从设备、技术和管理三个方面进行配电网节能改造。

设备节能从设备的角度出发，采用新技术、新工艺降低设备自身能耗，包括采用节能型导线、节能型变压器、节能型金具以及负载提升装置。

技术节能从配电网规划、设计、运行角度出发，通过优化电网结构，优化无功补偿配置和运行，应用调容变压器和线路调压器，改善配电网电能质量，消纳分布式电源，实现需求侧资源优化调度，降低电网损耗。

管理节能从精细化管理角度出发，加强防窃电管理，加强对电网能效水平的管理，提升电网能效水平。

6. 余热余压利用

余热余压利用是指对企业生产过程中释放出来多余的副产热能、压差能加以回收利用。余热余压回收利用的热能主要来自高温气体、液体、固体的热能和化学反应产生的热能，该技术适用于大型工业领域或集中建设公用工程，可实现能量梯级利用，提高能源综合利用效率。

余热余压利用工程主要从生产工艺上改进能源利用效率，通过改进工艺结构和增加节能装置最大幅度地利用生产过程中产生的势能和余热。这类工程除了一次性投资较高外，生产方法、生产工艺、生产设备以及原料、环境条件的不同，给余热余压利用带来了较大困难。

在钢铁行业，可推广高炉炉顶压差发电技术、纯烧高炉煤气锅炉技术、低热值煤气燃气轮机技术、蓄热式轧钢加热炉技术。可选择的设备有高炉炉顶压差发电装置、纯烧高炉煤气锅炉发电装置、低热值高炉煤气发电—燃气轮机装置、干法熄焦装置等。

在有色金属行业，推广烟气废热锅炉及发电装置、窑炉烟气辐射预热器和废气热交换器、回收余热用于锅炉及发电，可对有色金属企业实行节能改造，淘汰落后工艺和设备。

在电力行业，推广热电联产、热电冷联供等技术，提高电厂综合效益。鼓励集中建设公用工程以实现能量梯级利用。

7. 客户能效管理

客户能效管理是指应用能效管理平台对能源系统运行状态的监测、优化和管理，实现对能源利用的可测、可控、可评价及综合分析。客户能效管理平台是一个涵盖领域广泛的综合性系统，涉及智能化、工业自动化、数据采集分析等多个技术领域。能效管理实施最终目的是通过智能化系统集成来实现对既有系统能源消耗的改善与节约。

能效管理平台涵盖设备层、网络层、服务层、高级应用层以及展示层，整体构架如图 1–2 所示。

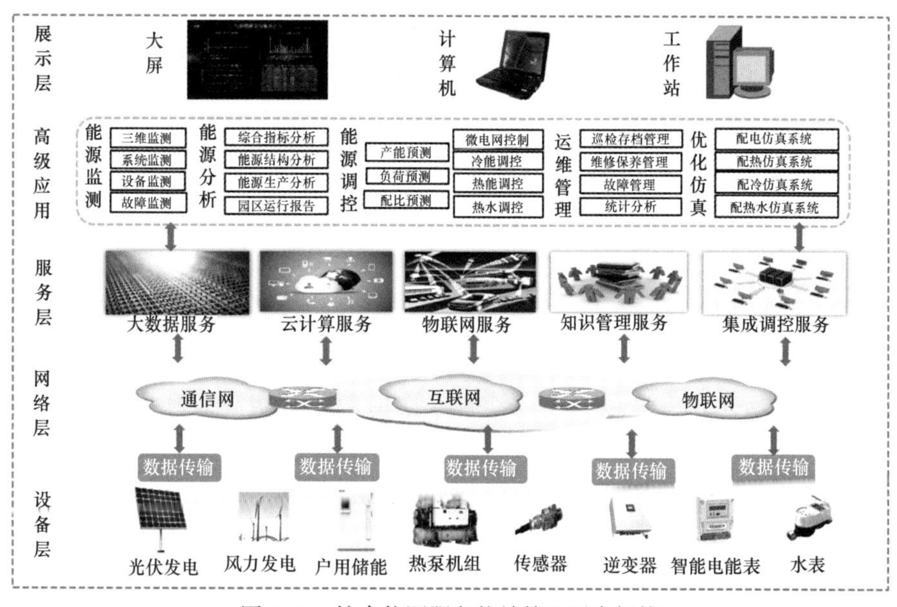

图 1–2 综合能源服务能效管理平台架构

（1）设备层。设备层主要采集分布式发电机组、热泵机组、储能、采暖、供冷等系统主要设备的重要参数，如光伏发电的逆变器运行参数和运行状态、热泵机组的供回水温度及功率等。

（2）网络层。网络层综合利用了计算机技术、控制技术、通信与网络技术，对综合能源系统内重要设备及各子系统进行自控对接，并将相关数据实时准确地传输至监控平台。如平台通过 MODBUS485 协议连接风力发电系统风机的输出功率和电动机的温度，通过以太网、PROFIBUS 通信总线管控地源热泵系统的整体运行。

（3）服务层。服务层汇总各系统运行的所有实时参数及分析数据，为安全生产、调度、优化和故障诊断提供必要和完整的数据基础。利用大数据、云计算、物联网等技术为系统提供监管及服务管理支撑。

（4）高级应用层。高级应用层即功能层，综合能源服务平台具有能源监测、能源分析、能源管控、资产运维管理、优化仿真等功能，实现电、热、冷、水、气等多种能源的综合高效利用调控以及与用户的智能互动。

（5）展示层。将综合能源系统各环节的转换及应用进行标准化处理，在工作站、大屏、云平台等界面上展示出综合能源系统内电、热、冷、水、气等各类能源的流向走势、能源消耗、能源转化及能源利用等信息，直观地展示出综合能源整体情况，辅助能源管理。

1.3.2 供冷供热供电多能服务

1. 冷热电三联供技术

冷热电三联供技术（combined cooling heat and power，CCHP）是基于能源梯级综合利用思想，用于满足用户对电、冷、热及生活热水等不同能源需求的能源供应系统。冷热电三联供系统可实现一次能源的梯级高效利用，提高系统能源的综合利用效率。

冷热电三联供技术适用于对高品位的电能和低品位的热/冷能均有持久大量需求用户。对冷、热、蒸汽等能源形式需求量越大的用户，选择冷热电三联供系统的经济和能效优势越明显。因此，诸如产业园区、经济开发区、交通枢纽、机场、中央商务区等区域综合体和医院、酒店、公共活动场馆等大型楼宇将会成为冷热电三联供系统比较理想的应用场所，对应的系统分别称为区域型（DCHP）和楼宇型（BCHP）。

适用冷热电三联供系统的用户常具备如下特点：

（1）用户位于天然气供应充足、稳定的地区；

（2）用户位于大电网不易达到而有天然气供应的偏远地区；

（3）除市政供电外需另设备用发电机组应急的重要公共建筑；

（4）因功能或建筑类型导致电价相对较高的单位；

（5）对电源供应要求较高的单位。

2. 太阳能光热发电技术

太阳能光热发电技术是指利用大规模集热面积收集太阳热能，通过换热装置产生蒸汽，推动汽轮发电机发电。相比于太阳能光伏发电技术，太阳能光热发电技术可以将加热的工质储存在容器中，在夜间仍可用于发电，解决了太阳能资源的间歇性问题。依照聚焦方式及结构的不同，太阳能光热发电技术可以分为塔式、槽式、碟式、线性菲涅耳式四种。

太阳能光热发电技术的特点：

（1）带有蓄热系统、发电功率相对平稳可控，可减少对电网的冲击。

（2）可储热能，可用于调峰，实现日间连续发电，解决太阳能利用的间歇性问题。

（3）应用于太阳能资源丰富的地区，规模效应下成本优势突出；面向用户侧的太阳能光热发电技术，多采用碟式发电系统。

（4）清洁无污染，有利于节能和二氧化碳减排。

3. 生物质发电技术

生物质发电技术是利用生物质所具有的化学能发电的技术，是可再生能源发电的一种，包括农林废弃物直接燃烧发电、混合燃烧发电、气化发电、垃圾发电及沼气发电等多种形式。生物质发电技术的特点是充分利用可再生资源发电，尤其适用于农林废弃物丰富地区和对大量生活垃圾的处理，实现变废为宝、可再生资源充分利用。

（1）直接燃烧发电。处理后的生物质燃料在锅炉中直接燃烧，生产蒸汽带动蒸汽轮机及发电机发电。生物质直接燃烧发电的关键技术包括生物质原料预处理、锅炉防腐、锅炉的原料适用性及燃料效率、蒸汽轮机效率等技术。

（2）混合燃烧发电。生物质燃料与煤混合燃烧发电。混合燃烧发电方式主要有两种：一种是生物质燃料与煤混合后投入燃烧，该方式对燃料处理和燃烧设备要求较高，不是所有燃煤发电厂都能采用；另一种是生物质气化产生的燃气与煤混合燃烧，产生蒸汽驱动汽轮机发电机组。

（3）气化发电。生物质在气化炉中转化为气体燃料，经净化后直接进入燃气机中燃烧发电或者直接进入燃料电池发电。气化发电的关键技术之一是燃气净化，气化出来的燃气都含有一定的杂质，包括灰分、焦炭和焦油等，需经过净化系统把杂质除去，以保证发电设备的正常运行。

（4）垃圾发电。垃圾发电包括垃圾焚烧发电和垃圾填埋气化发电，不仅可以解决垃圾处理的问题，同时还可以回收利用垃圾中的能量、节约资源。垃圾焚烧发电是利用垃圾在焚烧锅炉中燃烧放出的热量将水加热获得过热蒸汽，推动汽轮机带动发电机发电。垃圾焚烧技术主要有层状燃烧技术、流化床燃烧技术、旋转燃烧技术等。垃圾填埋气化发电包括垃圾在450~640℃下的气化和含碳灰渣在1300℃以上的熔融燃烧两个过程，垃圾处理彻底，过程洁净，并可以回收部分资源，被认为是最具有前景的垃圾发电技术。

（5）沼气发电。沼气发电是利用有机废弃物经厌氧发酵产生的沼气燃烧驱动发电机组发电。用于沼气发电的设备主要为内燃机，一般由柴油机组或者天然气机组改造而成。

4. 水源、地源、空气源热泵技术

热泵技术是一种将低品位热源的热能转移到高品位热源的技术，通常是先从空气、水或土壤中获取低品位热能，经过电力做功，再提供可被利用的高品位热能。热泵是充分利用低品位热能的高效节能装置。热泵的工作原理就是以逆循环方式迫使热量从低温物体流向高温物体的机械装置，它仅消耗少量的逆循环净功就可以得到较大的供热量。按照低品位热源的来源，主要包含空气源热泵、水源热泵、地源热泵。

（1）空气源热泵。蒸发器从空气中的环境热能中吸取热量蒸发传热工质，工质蒸汽经压缩机压缩后压力和温度上升，高温蒸汽，经冷凝器冷凝成液体，将热量传递给空气源热泵贮水箱中的水。空气源热泵可以有效利用空气环境能量，降低工质与目标温度的温差，降低能源消耗。

（2）水源热泵。水源热泵可有效利用地下稳定水源与工质的温差，减少高品位能源的消耗，提高综合能源系统能效。水体作为夏季空调的冷源，即在夏季将建筑物中的热量“取”出来，由于水源温度低可以高效地带走热量，达到夏季给建筑物室内制冷的目的。冬季则是通过水源热泵机组从水源中“提取”热能，送到建筑物中供暖。

（3）地源热泵。地源热泵是利用浅层地热资源的、既可供热又可制冷的、高效节能的供能设备。在冬季，把大地中的热量取出来提高温度后供给室内采暖；夏季，把室内的热量取出来释放到大地中去。通常地源热泵消耗 1kW · h 的能量，用户可以得到 4kWh 以上的热量或冷量。地源热泵应用少量的高品位能源，实现由低温位热能向高温位热能转移，充分利用了分散的低温位热源，提升了能源生产效率。

水源热泵适用于附近有海水、河水或湖水作为低温热源的地区；地源热泵适用于同时具有供冷供热需求且具有足够的面积进行地埋管打桩的地区；空气源热泵适用于夏热冬暖区和夏热冬冷区的大中型城市。

5. 工业余热热泵技术

工业余热热泵技术是利用热泵对工业企业在生产过程中排放的废热、废水、废气等低品位能源加以回收利用，提供工艺热水或者为建筑供热、提供生活热水。工业企业余热回收利用，不仅降低了工业企业的污染排放，而且减少了工艺需要所消耗的高品位能源，解决了自身的热需求，从而大幅降低了能源投资及运行费用，节能效果明显。但是，余热热泵技术只能应用于有固定余热、废热、废水、烟气等低品位能源排放，且有一定热负荷需求的企业或园区。

6. 低温供热堆技术

低温供热堆技术是指具有固有安全性的壳式低温核供热反应堆，可利用反应堆内原子核反应所产生的热量为民用供暖。低温供热堆是一种技术成熟、安全性高的堆型，具有“零”堆熔、“零”排放、易退役、投资少等显著特点，在反应堆多道安全屏障的基础上，增设压力较高的隔离回路，可确保放射性与热力网隔离。泳池式低温供热堆选址灵活，内陆沿海均可，非常适合北方内陆。泳池式低温供热堆使用寿命为 60 年。在经济方面，热价远优于燃气，与燃煤、热电联产有经济可比性。

7. 碳晶电采暖技术

碳晶电采暖技术是以碳素晶体发热板为主要制热部件的地面低温辐射采暖系统。碳晶板可将电能输入有效地转换成超过 60% 的传导热能和超过 30% 的红外辐射能，利用这种双重制热起到迅速升温的作用，克服了传统地暖产品制热不连续、热平衡效果差的弊端。

碳晶电采暖具有采暖效果佳、节能减排、热平衡和热稳定性好、使用寿命长和安装便捷等优点。

碳晶电采暖技术主要适用场景包括：入住率较高的居民住宅区、别墅、酒店、医院、办公、学校、宿舍等各类有采暖需求的节能建筑，尤其适用于无需24小时供暖的公建；需要进行局部采暖的区域；市政热网无法到达区域的供暖区域；需要进行融雪化冰、防冻的区域。

8. 蓄热式电锅炉技术

蓄热式电锅炉主要是利用低谷电时段将电能储存为热能，并在用能时将储存的热能释放的电制热和储热设备。蓄热式电锅炉可以充分利用分时电价降低运行费用。

在工业领域中，可应用于火电厂、造船厂、石油、化学工业、建筑设备工业、医药行业、生物工程、食品工业及其他工业当中。

在民用领域里，主要用于供热、宾馆酒店洗衣房、医院设备消毒、食堂、洗浴房、机关学校等。

9. 蓄冷式空调技术

蓄冷式空调技术是指电制冷机组在电力负荷低谷时段用蓄能载体将冷量储存起来，在用电高峰时段将其释放，以满足建筑物的空调或生产工艺需要的部分或全部冷量。蓄冷式空调技术可以实现电网移峰填谷，能够提高现有电源和电网设备的利用率、电网高峰时段供电能力，使终端用户充分利用低谷电价，节约了用电成本。

蓄冷式空调技术可以应用于具有大型集中供冷需求的商业写字楼、商场和城市综合体、冷负荷高峰和用电高峰基本相同的场景。在工业园区可以用在食品加工、啤酒工业、奶制品工业等用冷量大、空调负荷主要在白天的企业。

1.3.3 分布式清洁能源服务

1. 分布式光伏发电

分布式光伏发电是指采用光伏组件将太阳能直接转换为电能的分布式发电系统。该系统可在用户场地附近建设，运行方式以用户侧自发自用、多余电量上网为主。

分布式光伏发电系统具有清洁高效和就近利用的特点，不仅能够充分利用可再生资源，同时还有效解决了电能在升压及长途运输中的损耗问题。

城市分布式光伏发电系统主要采用建筑物屋顶光伏发电形式，适用于太阳能资源丰富、具有开阔无遮挡场所、可敷设光伏组件、持续供电要求高的用户。

2. 光伏幕墙

光伏幕墙是指将光伏组件放在两层玻璃之间而形成的幕墙材料。除了发电特性外，与其他幕墙有着相同的建筑特性。目前光伏幕墙有两种主要的技术模式：一种是晶体硅材料幕墙，另一种是非晶硅材料幕墙。前者的光伏组件是多晶硅或单晶硅材料，优点是光电转换效率高、安装尺寸小、生产材料和技术都较为成熟。但缺点在于幕墙透光性不好，在高温和弱光条件下表现较差。

3. 分布式风力发电

分布式风力发电指采用风力发电机将风能转换为电能的分布式发电系统。分布式风力发电技术可以有效利用可再生能源，发电无污染，其发电功率在几千瓦至数百兆瓦，是一种高效、可靠的发电模式。由于其多位于用户侧，可以有效降低电能传输损耗。

4. 燃气轮机发电

燃气轮机发电是以连续流动的气体为工质带动叶轮高速旋转，将燃料的能量转变为电能的发电方式，尤其适用于临时用电或备用电源用户。燃气轮机发电具有以下特点：

（1）发电质量好。由于发电机组工作时只有旋转运动，电调反应速度快，工作特别平稳；发电机输出电压和频率的精度高，波动小；在突加空减 50% 和 75% 负载时，机组运行非常稳定，优于柴油发电机组的电气性能指标。

（2）启动性能好。从冷态启动成功后到满负载的时间仅为 30s，而国际规定柴油发电机启动成功后 3min 带负载。燃气轮发电机组可以任何环境温度和气候下保证启动的成功率。

（3）采用的可燃性气体是相对清洁、廉价的能源。

1.3.4 专属电动汽车服务

1. 电动汽车租赁服务

电动汽车租赁是利用物联网技术在校园、城市、景区等公共场所提供电动汽车的租赁服务，包括长期租赁和短期租赁服务。

长期租赁，是指租赁企业与用户签订长期（一般以年计算）租赁合同，按长期租赁期间发生的费用（通常包括车辆价格、维修维护费、各种税费开支、保险费及利息等）扣除预计剩存价值后，按合同月数平均收取租赁费用，并提供汽车功能、税费、保险、维修及配件等综合服务的租赁形式。

短期租赁，是指租赁企业根据用户要求签订合同，为用户提供短期内（一般以小时、日、月计算）的用车服务，收取短期租赁费，解决用户在租赁期间的各项服务要求的租赁形式。

2. 充电站建设服务

充电站建设服务是指针对用户电动汽车充电需求，设计和建设充电设施的服务。针对单个车位，提供单体充电桩设计、施工、安装服务；针对多车位的户外车棚或地下车库，提供移动式充电桩的设计、施工、安装服务。随着电动汽车保有量的不断提高，充电站 / 充电桩需求也日益增长，尤其是一些大型综合园区，充电设施成为综合能源规划和改造中不可或缺的一环。充电设施建设应考虑空间方位、负荷需求、充电方式、配电网条件等多种相关因素，需要与综合园区进行系统设计和协同规划。

3. 充电设施运维服务

充电设施运维服务是针对充电设施进行监控、日常巡检和维护以及故障处理的服务，是保障充电设施安全、有序、高效运行的必要手段。

充电设施运维服务包含两个方面内容：一方面，对新能源汽车充电设施进行日常巡检，提供 24h 不间断的专业检修、维护和管理服务；另一方面，通过网络监控充电桩实时状况，一旦出现紧急故障，在最短时间内赶到现场处理。

1.4 商业模式详解

1.4.1 合同能源管理（EMC）

合同能源管理（energy management contracting，EMC）是一种新型的市场化节能机制，其实质就是以减少的能源费用来支付节能项目全部成本的节能投资方式。

这种节能投资方式允许客户使用未来的节能收益为工厂和设备升级，以降低目前的运行成本。能源管理合同在实施节能项目的企业（用户）与专门的综合能源服务公司之间签订，它有助于推动节能项目的实施。综合能源服务公司又称能源管理公司，是一种基于合同能源管理机制运作、以盈利为目的的专业化公司。综合能源服务公司与愿意进行节能改造的客户签订节能服务合同，向客户提供能源审计、可行性研究、项目设计、项目融资、设备和材料采购、工程施工、人员培训、节能量检测、改造系统的运行、维护和管理等服务。在合同期综合能源服务公司与客户企业分享节能效益，并由此得到应回收的投资和合理的利润。合同结束后，高效的设备和节能效益全部归客户企业所有。依据客户与综合能源公司的权责不同，合同能源管理有如下三种模式。

（1）节能效益分享型。综合能源服务公司提供资金和全过程服务，在客户配合下实施综合能源技术改造项目，在合同期间与客户按照约定的比例分享节能收益；合同期满后，项目效益和项目所有权归客户所有，客户的现金流始终是正的。这种类型模式的关键在于节能效益的确认、测量、计算方法要写入合同。为降低支付风险，用户可向综合能源服务公司提供多方面的节能效益支付保证。

（2）能源费用托管型。用户委托综合能源服务公司出资进行能源系统的节能改造和运行管理，并按照双方约定将该能源系统的能源费用交由综合能源服务公司管理，节约的能源费用归综合能源服务公司的合同类型。项目合同结束后，综合能源服务公司改造的技术设备无偿移交给用户使用，以后所产生的节能收益全归用户。

（3）节能量保证型。客户分期提供综合能源技术改造资金并配合项目实施，综合能源服务公司提供全过程服务并保证项目节能效果。按合同规定，客户向综合能源服务公司支付服务费用。如果项目没有达到承诺的节能量，按照合同约定由综合能源服务公司承担相应的责任和经济损失；如果节能量超过承诺的节能量，综合能源服务公司与客户按照约定的比例分享超过部分的节能效益。项目合同结束，先进高效综合能源设备无偿移交给客户企业使用，以后所产生的节能收益全部归客户企业享受。

合同能源管理作为一种面向市场的节能新机制，有其广阔的应用发展前景。综合能源服务公司作为专业化的服务公司，通过带资为企业实施节能改造项目，向企业提供优质高效的服务，从而提高企业的能源利用效率，降低企业成本；客户企业在没有先期资金投入的情况下，可获得稳定的节能收益和经济效益。因此，合同能源管理机制必将越来越多地被企业所关注和接受。

1.4.2 能源托管模式

能源托管模式是从托管行业独立出来的能源消费托管服务的节能新机制。综合能源服务公司针对用能企业能源的购进、使用以及用能设备效率、用能方式、政府节能考核等进行全面承包管理，并提供资金进行技术和设备更新，进而达到节能和节约能源费用的目的，完成国家对能耗企业的考核目标。能源托管重在管理，对客户提供能源专家型的价值服务。

能源托管包括全托管和半托管。全托管内容包括设备运行、管理和维护，人员管理，环保达标控制管理，日常所需能源燃料及运营成本控制等，并最终给客户提供能源使用。半托管内容只包括日常设备运行、管理和维护。

能源托管模式与节能服务模式的主要区别：节能服务是指综合能源服务公司为企业提供的合同能源管理，主要提供资金和技术投资模式；而能源托管不仅为企业提供投资，还提供技术、管理、培训、考核，进而完成国家对企业能耗的年度考核和五年节能规划的考核。

能源托管模式的主要优势体现在以下几方面：

（1）专家型服务。能源托管重在提供专家型的管理服务，对能耗企业的能源购进、消费、设备效率、生产方式以及能源管理和设计中存在的问题进行逐一排除，理顺能源在消费过程中的各个环节，进而提出解决办法并达到的长短期目标。

（2）专业管理。严格培训考核合格的维护人员负责能耗系统的日常运行及维护管理，无须再配备相应管理及操作人员。

（3）专业诊断。综合能源服务公司根据长期的工程管理经验和能源托管经验，定期对客户能耗设备使用情况进行诊断、分析，挖掘节能潜力，使客户的运营成本保持最低。

（4）专业维护。一年内多次定期全面的检查维护和保养服务，免费更换所有易损消耗材料，使设备更可靠、高效的运行。

（5）专业维修。综合能源服务公司为签约客户提供 24×7 服务时间，能在维保单位机组出现故障的第一时间赶赴现场，将损失降低到最低限度。

1.4.3 建设—运营—移交（BOT）

建设—运营—移交（build-operate-transfer，BOT）实质上是基础设施投资、建设和经营的一种方式，以政府和私人机构之间达成协议为前提，由政府向私人机构颁布特许，允许其在一定时期内筹集资金建设某一基础设施并管理和经营该设施及其相应的产品与服务。政府对该机构提供的公共产品或服务的数量和价格可以有所限制，但保证私人资本具有获取利润的机会。整个过程中的风险由政府和私人机构分担。当特许期限结束时，私人机构按约定将该设施移交给政府部门，转由政府指定部门经营和管理。

（1）建设—运营—移交能够保持市场机制发挥作用。建设—运营—移交项目的大部分经济行为都在市场上进行，政府以招标方式确定项目公司的做法本身也包含了竞争机制。作为可靠的市场主体的私人机构是建设—运营—移交模式的行为主体，在特许期内对所建工程项目具有完备的产权。

（2）建设—运营—移交为政府干预提供了有效的途径，这就是和私人机构达成的有关建设—运营—移交的协议。尽管建设—运营—移交协议的执行全部由项目公司负责，但政府自始至终都拥有对该项目的控制权。在立项、招标、谈判三个阶段，政府的意愿起着决定性的作用。在履约阶段，政府又具有监督检查的权力，项目经营中价格的制订也受到政府的约束，政府还可以通过通用的建设—运营—移交法来约束项目公司的行为。

1.4.4 移交—经营—移交模式（TOT）

移交—经营—移交模式（transfer-operate-transfer，TOT），指当地政府或企业把已经建好投产运营的项目，有偿转让给投资方经营，一次性从投资方获得资金，与投资方签订特许经营协议，在协议期限内，投资方通过经营获得收益，协议期满后，投资方再将该项目无偿移交给当地政府管理。在移交给外商或私营企业中，政府或其所设经济实体将取得一定的资金以再建设其他项目。

一般在项目转让过程中，只转让项目经营权，不转让项目所有权。实施TOT项目融资风险较小，同时大大缩短了项目建设周期，加快了资金周转。与银行贷款等比较，不需偿还资金和利息。因此通过TOT模式引进外部资本，可以减少政府财政或者企业压力。一个完整的TOT项目融资一般包括以下几个主要程序。

（1）融资方发起人（投产项目的所有者或政府机构）设定特殊目的公司（special purpose corporation，SPC）发起人把移交项目的所有权和新建项目的所有权均转让给SPC，以确保有专门机构对项目的管理、转让、建造等享有权力，并在项目实施中进行协调和管理。这一步骤也即建立项目法人制，保证融资资金的有效利用。

（2）SPC确定需要建设的拟建项目规模、建设周期和财务预算。

（3）以已有项目为基础，进行项目本身和财务收益宣传，向国内外相关投资商发出招标邀请，并确定转让内容和年限。

（4）投资商通过SPC的资格审查后，购买招标书（主要确定经营内容、年限、相关权利与义务等），并制定投标书。

（5）SPC通过协商谈判（主要针对邀请招标）、公开招标评审或竞拍（主要针对一些竞争激烈的特定项目，如有稳定收入的桥梁或道路项目等）确定经营融资对象。这是整个TOT项目融资的关键过程。

（6）与外部投资商最终达成转让投资运行项目在未来一定期限内全部或部分经营权的协议，项目移交，SPC获得收益。SPC用获得的收益进行拟建工程的建设。

（7）新项目建成并投入运行。

（8）移交的项目特许期满后，SPC 收回转让的旧项目。

1.4.5 建设—拥有—运营模式（BOO）

建设—拥有—运营模式（building-owning-operation，BOO），即谁建设谁运营模式。投资者或项目公司根据政府给予的特许权承担项目设计、融资、建设、经营、维护和用户服务，但不将此项目移交给政府部门，项目公司可以不受时间限制地拥有并经营项目，但在项目合同签署时必须有公益性约束条款。此模式可以最大限度鼓励项目公司从项目全寿命周期的角度合理建设和经营项目，以提高服务质量，降低项目总体成本，提高经营效率。

利用社会资本承担公共基础设施项目建设，由政府授予特定公共事业领域内的特许经营权利，以社会资本或项目公司的名义负责项目的融资、建设、运营及维护，并根据项目属性的不同通过政府付费、使用者付费和政府可行性缺口补助的不同组合获得相应的投资回报。BOO 模式中不存在政府与私人部门之间所有权关系的二度转移，自公私合作开始基础设施的所有权、使用权、经营权、收益权等系列权益都完整地转移给社会资本或项目公司，但公共部门仅负责过程中的监管，最终不存在特许经营期后的移交环节，项目公司能够不受特许经营期限制地拥有并运营项目设施。

1.4.6 设备租赁模式

设备租赁模式是设备的使用单位向设备所有单位（如租赁公司）租赁设备，并付给一定的租金，在租赁期内享有使用权，而不变更设备所有权的一种交换形式。设备租赁分为经营租赁和融资租赁两大类，设备租赁的方式主要有以下几种：

（1）直接融资租赁。根据承租企业的选择，向设备制造商购买设备并将其出租给承租企业使用。租赁期满，设备归承租企业所有。该方式适用于固定资产、大型设备购置，企业技术改造和设备升级。

（2）售后回租。承租企业将其所有的设备以公允价值出售给租赁方，再以融资租赁方式从租赁方租入该设备。租赁方在法律上享有设备的所有权，但实质上设备的风险和报酬由承租企业承担。该方式适用于流动资金不足的企业，具有新投资项目而自有资金不足的企业，持有快速升值资产的企业。

（3）联合租赁。租赁方与其他具有租赁资格的机构共同作为联合出租人，以融资租赁的形式将设备出租给承租企业。合作伙伴一般为租赁公司、财务公司或其他具有租赁资格的机构。

（4）转租赁。以同一物件为标的物的融资租赁业务。在转租赁业务中，租赁方从其他出租人处租入租赁物件再转租给承租人，租赁物的所有权归第一出租方。此模式有利于发挥专业优势、避免关联交易。

（5）融资租赁。由双方明确租让的期限和付费义务，出租者按照要求提供规定的设备，以租金形式回收设备的全部资金，出租者对设备的整机性能、维修保养、老化风险等不承担责任。该种租赁方式是以融资和对设备的长期使用为前提的，租赁期相当于或超过设备的寿命期，具有不可撤销性、租期长等特点，适用于大型机床、重型施工等贵重设备。融资租人的设备属承租方的固定资产，可以计提折旧计入企业成本，而租赁费一般不直接计入企业成本，由企业税后支付。但租赁费中的利息和手续费可在支付时计入企业成本，作为纳税所得额中准予扣除的项目。

1.4.7 公私合营模式（PPP）

公私合营（public-private partnership，PPP）最早由英国政府于1982年提出，是指政府与私营商签订长期协议，授权私营商代替政府建设、运营或管理公共基础设施并向公众提供公共服务。

公私合营模式融资是以项目为主体的融资活动，是项目融资的一种实现形式，主要根据项目的预期收益、资产以及政府扶持措施的力度而不是项目投资人或发起人的资信来安排融资。项目经营的直接收益和通过政府扶持所转化的效益是偿还贷款的资金来源，项目公司的资产和政府给予的有限承诺是贷款的安全保障。

公私合营融资模式可以使民营资本更多地参与到项目中。政府的公共部门与民营企业以特许权协议为基础进行全程合作，双方共同对项目运行的整个周期负责。

公私合营模式的操作规则使民营企业参与到项目的确认、设计和可行性研究等前期工作中来，这不仅降低了民营企业的投资风险，而且能将民营企业在投资建设中更有效率的管理方法与技术引入项目中来，还能实现对项目建设与运行的有效控制，从而有利于降低项目建设投资的风险，较好地保障双方利益。这对缩短项目日建设周期、降低项目运作成本甚至资产负债率都非常重要。

1.5 综合能源服务中心

随着综合能源服务的快速发展，综合能源服务的用户广泛分布于城市之中。建设综合能源服务中心可通过大屏幕、虚拟现实（virtual reality，VR）等技术向社会提供综合能源服务的互动体验，培育用户与引流。综合服务中心的云平台可实现能源利用监测的运维、可提供丰富服务方案库并不断优化升级。通过大数据与云计算等技术进一步挖掘数据价值，开发新服务与产品，有助于综合能源服务业务的宣传、推广和管理。

省级综合能源服务中心可包含“体验中心、运营中心、研究中心、数据中心和交付中心”，如图 1-3 所示。可实现的功能介绍如下。

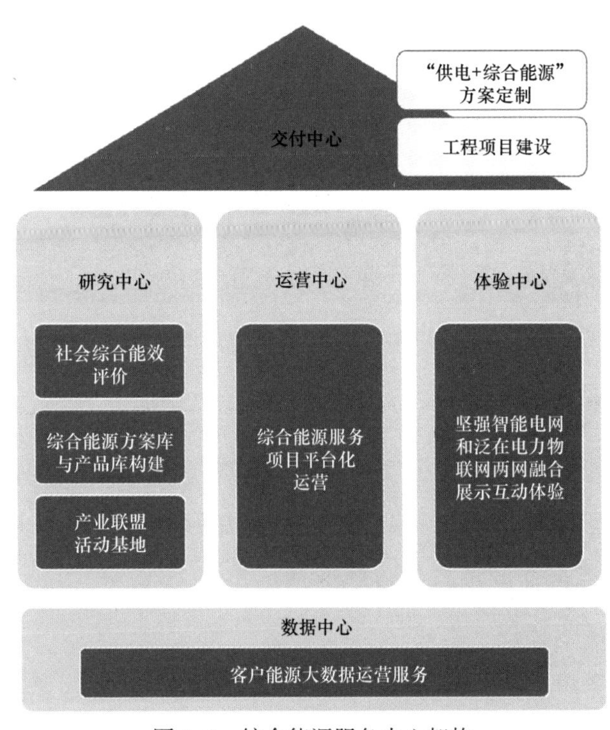

图 1-3 综合能源服务中心架构

（1）展示与互动体验。

综合能源服务中心通过大屏幕和 VR 等技术手段，展示综合能源服务发展思路、综合能源服务重点项目以及综合能源先进技术产品等，打造坚强智能电网和泛在电力物联网融合体验产品，实现综合能源服务等新业态的客户培育与导流。

（2）综合能源服务平台化运营。

依托综合能源服务中心的能源数据中心，如图 1–4 所示，应用光纤通信技术、大数据分析技术以及云计算技术，部署省级综合能源服务云平台。通过配置的综合能源系统传感器和控制器，将全省综合能源项目接入平台，实现运行数据实时监测、优化策略与调控指令下达、远程集中运维等服务。打造综合能源项目平台化运营产品，可实现综合能源服务业务规模化拓展与运营。

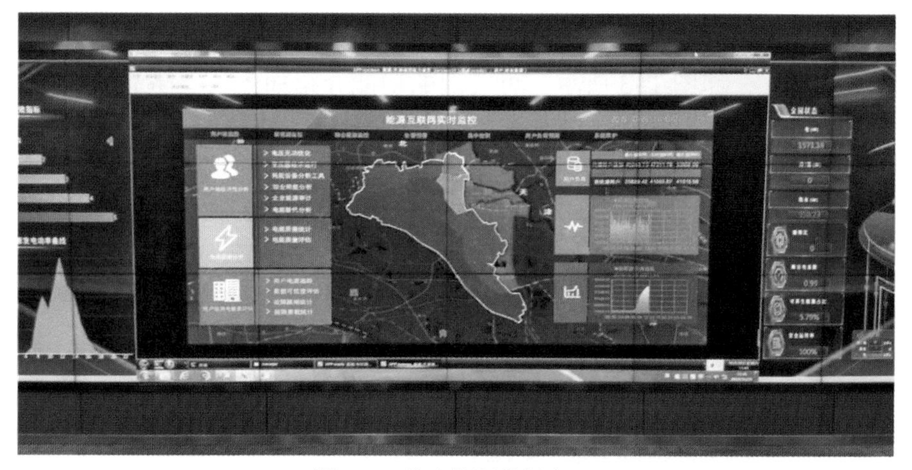

图 1–4　综合能源数据中心

（3）综合能效评价。

建立的综合能源计量与评价实验室，具有综合能效检测与评估能力，可向社会开展综合能源计量检定、综合能效检测与评估等服务，形成综合能源第三方评价，提供综合能源项目的权威评估。

（4）综合能源方案库。

综合能源服务中心的专家工作站、专家团队建设，通过技术研发和项目积累，综合能源系统模拟仿真、设计方案定制、运行优化以及智能运维等方面实践经验建立了丰富的综合能源方案库，可根据项目具体约束条件和用能需求因地制宜设计出个性化服务方案，提供差异化服务。随着工程的不断开展，该方案库不断升级。

在方案库的应用与落地上，基于产业联盟开展平台化运作，以联盟集成商的角色，与联盟内技术水平高、研发实力强、产品质量过硬、市场占有率高的优质企业，在技术产品研发、市场拓展与客户共享等方面开展合作。将联盟成员的设备、服务集成优化后形成自己的产品库，支撑综合能源方案有效落地。

（5）客户能源大数据运营。

综合能源服务云平台功能，如图 1-5 所示。综合能源服务云平台的数据中心将电力、政府、客户、第三方平台、自建平台、产业联盟等不同渠道客户综合能源服务相关数据进行汇聚，应用大数据、云计算技术分析、挖掘能源数据价值，对内服务于综合能源服务的业务应用与服务产品研发，对外为综合能源用户提供能效对标、用能优化等能源大数据运营服务，形成能源大数据服务产品，以便数据资产变现。

图 1-5　综合能源服务云平台

（6）“供电 + 综合能源”方案定制与管理。

以综合能源服务方案库为支撑，提供业务咨询与工程项目前期方案交付服务。深度融合传统供用电业务与综合能源服务业务，受理客户“供电 + 综合能源”业务，针对客户的综合能源项目咨询、评估、规划、设计等业务，提供综合能源前期方案产品。

（7）工程项目建设与管理。

综合能源服务中心的综合能源工程项目部，按照业务融合流程，对区域内综合能源项目开拓、施工方案制定、工程建设、竣工验收、交付使用等项目施工进行全流程管理。与“供电＋综合能源”方案定制功能衔接，实现综合能源服务项目从前期咨询规划到后期建设的整体解决方案交付。

（8）产业联盟与技术推广。

立足综合能源服务中心，打造产业联盟活动基地，定期举办联盟理事会等正式会议、联盟成员集中编制行业分析报告、起草标准、管理规范等，与系统内产业单位、权威电力媒体合作，定期开展综合能源技术、产业发展大型论坛、新技术产品发布会以及综合能源服务大型系列培训，形成产业联盟技术论坛与培训产品。

面向综合能源服务的发展需求，国网天津电力率先建成并运营省级综合能源服务中心，即国网天津综合能源服务中心。该中心实现全市综合能源系统接入，集综合能源服务方案设计、集中监控与调度、技术集成与服务、业务洽谈受理、成果展示等功能于一体，是具有标杆性质的全功能综合能源服务中心。

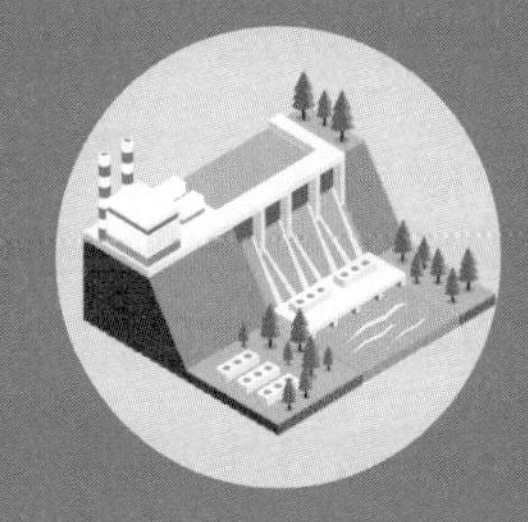

学校领域的综合能源服务解决方案

学校领域的综合能源服务针对幼儿园、中小学以及大学等服务对象，依据新建在运、能源需求种类等特征划分为多种应用场景，本章分析学校类用户能源需求特点，依次提出各应用场景下多种可能的服务方案并分析了其适用范围及应用效果。选取多个实际工程建设案例，详细介绍服务方案的适用情况、技术内容和效益分析、经验总结的有效性和先进性。

2.1 应用场景与用能需求特点

2.1.1 应用场景

学校类用户细分为幼儿园、中小学、大学，并根据工程性质分为新建和在运两大类。新建学校划分场景重点考虑所需负荷的种类，即是否有供冷或采暖需求，进而通过规划不同种类的供能设备，满足学校的用能需求。而在运学校负荷需求种类已经明确，划分用能场景时重点考虑的因素是夜间是否具有负荷需求，即是否有住宿，从而把握负荷的分布规律，进而设计合理的运行方式，优化能源供应策略。

（1）新建学校：主要包括新建有供冷需求幼儿园、无供冷需求幼儿园、有供冷需求中小学、无供冷需求中小学以及新建大学。由于学校处于建设期，可参与规划、设计、建设，提供全过程综合能源服务。

（2）在运学校：主要包括在运幼儿园、在运无住宿中小学、在运有住宿中小学及在运大学。由于学校主体能源系统已建成，受场所限制，仅能对部分供能设备进行施工改造，综合能源服务的重点在于能效提升。

2.1.2 用能需求特点

学校类综合能源系统用能需求具有如下基本特征：

（1）短时间尺度上负荷需求集中、明确。学校日常活动具有计划性，因而能源系统具有明确的日内运行规律，负荷需求集中、明确。

（2）长时间尺度上负荷需求具有阶段性、间歇性。学校年内具有明确的寒暑假周期特性，因而长时间尺度上学校负荷具有明显的阶段性和间歇性。

（3）北方学校负荷具有季节差异性。由于季节更替特点，北方各类学校负荷具有明显季节差异性。冬季有采暖需求，而夏季有供冷需求。

（4）热水及餐饮用能需求。除采暖需求外，学校普遍还具有饮用热水需求，同时住宿中小学以及大学还具有生活热水需求。此外，学校食堂有一定的炊事用能需求。

（5）环境控制需求。学校部分负荷具有相对较高的环境控制需求，比如图书馆和体育馆都具有一定光线和温控需求，也具有一定的调控和响应能力。

2.1.3 服务方案特点

针对学校型用户提出的服务方案具有如下特点：

（1）技术方案为学校重要设施提供可靠的供电保障。避免断电、离网对数据存储、安全监控等服务的消极影响。

（2）采用多能互补技术，促进可再生能源消纳水平、提高综合能源利用效率和运营经济性。

（3）采用节能和环保技术。保持环境洁净、降低碳和污染物排放，近距离向学生传播新能源、新技术、新理念，宣传绿色环保、节能智慧。

（4）对于新建学校，综合能源服务公司可在早期就全面参与到用户综合能源系统建设中，可为用户提高系统化、专业化、全方面的能源管理服务，为用户实现节能目标，进而获得能源托管服务费，因此建议采用能源托管模式。

（5）对于在运学校，学校可利用未来节能收益进行能源系统改造，减少改造前期投入，降低运行成本提高能效。用能单位以节能效益支付节能服务公司的前期投入及其合理利润，因此建议采用合同能源管理模式。

2.2 解决方案

2.2.1 新建有供冷需求幼儿园

新建有供冷需求幼儿园的能源需求主要涵盖冷、热、热水、电能等，负荷具有明显的日间运行特性，推荐以下五种服务方案。

1. 服务方案一

（1）技术方案。

1）供冷供热供电多能服务：水源、地源、空气源热泵技术＋蓄冷式空调技术。

2）分布式清洁能源服务：分布式光伏发电。

（2）商业模式：能源托管模式。

（3）适用场景及效果。该服务方案适用于具有集中大规模供冷和供热需求的幼儿园，同时周围环境中具有配置热泵的资源环境要求和空间条件、太阳能资源丰富并具有足够的无遮挡空间。该方案可有效利用太阳能资源以及环境热源，减少化石能源和市电的消耗，降低二氧化碳和污染物排放，具有较好的环保性。应用热泵技术，提高了综合能源利用效率，具有较好的节能效果。同时，装设蓄冷式中央空调，用户可以充分利用峰谷电差价，具有较好的经济性。

2. 服务方案二

（1）技术方案。

1）供冷供热供电多能服务：碳晶电采暖技术＋蓄冷式空调技术。

2）分布式清洁能源服务：分布式光伏发电。

（2）商业模式：能源托管模式。

（3）适用场景及效果。该服务方案适用于具有集中大规模供冷需求、一定供热需求的幼儿园。同时，太阳能资源丰富并具有足够的无遮挡空间、但不具有配置热泵的资源环境要求和空间条件。该方案可有效利用太阳能资源，减少化石能源和市电的消耗，降低二氧化碳和污染物排放，具有一定的环保性。应用电热转换效率较高的碳晶电采暖技术，提高了用户用能体验和舒适度，具有一定的节能效果。装设蓄冷式中央空调，用户可以充分利用峰谷电差价，具有较好的经济性。

3. 服务方案三

（1）技术方案。

1）供冷供热供电多能服务：蓄热式电锅炉技术＋蓄冷式空调技术。

2）分布式清洁能源服务：分布式光伏发电。

（2）商业模式：能源托管模式。

（3）适用场景及效果。该服务方案适用于具有集中大规模供冷和一定供热需求的幼儿园。同时，太阳能资源丰富并具有足够的无遮挡空间、但不具有配置热泵的资源环境要求和空间条件。该方案可有效利用太阳能资源，减少化石能源和市电的消耗，降低二氧化碳和污染物排放，具有一定的环保性。装设蓄冷式中央空调和蓄热式电锅炉，用户可以充分利用峰谷电差价，具有很高的经济性。

4. 服务方案四

（1）技术方案。

1）供冷供热供电多能服务：碳晶电采暖技术 + 蓄冷式空调技术。

2）分布式清洁能源服务：分布式光伏发电 + 光伏幕墙。

（2）商业模式：能源托管模式。

（3）适用场景及效果。该服务方案适用丁具有集中大规模供冷需求、一定供热需求并且对室内光线无高要求的幼儿园。同时，太阳能资源丰富并具有足够的无遮挡空间、但不具有配置热泵的资源环境要求和空间条件。该方案可大面积有效利用太阳能资源，减少化石能源和市电的消耗，降低二氧化碳和污染物排放，具有较好的环保性。应用电热转换效率较高的碳晶电采暖技术，提高了用户用能体验和舒适度，具有一定的节能效果。装设蓄冷式中央空调，用户可以充分利用峰谷电差价，具有较好的经济性。

5. 服务方案五

（1）技术方案。

1）供冷供热供电多能服务：蓄热式电锅炉技术 + 蓄冷式空调技术。

2）分布式清洁能源服务：分布式光伏发电 + 光伏幕墙。

（2）商业模式：能源托管模式。

（3）适用场景及效果。该服务方案适用于具有集中大规模供冷需求、一定供热需求并且对室内光线无高要求的幼儿园。同时，太阳能资源丰富并具有足够的无遮挡空间、但不具有配置热泵的资源环境要求和空间条件。该方案可大面积有效利用太阳能资源，减少化石能源和市电的消耗，降低二氧化碳和污染物排放，具有较好的环保性。装设蓄冷式中央空调和蓄热式电锅炉，用户可以充分利用峰谷电差价，具有很高的经济性。

2.2.2 新建无供冷需求幼儿园

新建无供冷需求的幼儿园的能源需求主要涵盖热、热水、电能等，负荷具有明显的日间运行特性，推荐以下服务方案。

1. 服务方案一

（1）技术方案。

1）供冷供热供电多能服务：碳晶电采暖技术。

2）分布式清洁能源服务：分布式光伏发电。

（2）商业模式：能源托管模式。

（3）适用场景及效果。该服务方案适用于具有一定供热需求的幼儿园。同时，太阳能资源丰富并具有足够的无遮挡空间、但不具有配置热泵的资源环境要求和空间条件。该方案可有效利用太阳能资源，减少化石能源和市电的消耗，降低二氧化碳和污染物排放，具有一定的环保性。应用电热转换效率较高的碳晶电采暖技术，提高了用户用能体验和舒适度，具有一定的节能效果。

2. 服务方案二

（1）技术方案。

1）供冷供热供电多能服务：蓄热式电锅炉技术。

2）分布式清洁能源服务：分布式光伏发电。

（2）商业模式：能源托管模式。

（3）适用场景及效果。该服务方案适用于具有一定供热需求的幼儿园。同时，太阳能资源丰富并具有足够的无遮挡空间、但不具有配置热泵的资源环境要求和空间条件。该方案可有效利用太阳能资源，减少化石能源和市电的消耗，降低二氧化碳和污染物排放，具有一定的环保性。装设蓄热式电锅炉，用户可以充分利用峰谷电差价，具有较好的经济性。

3. 服务方案三

（1）技术方案。

1）供冷供热供电多能服务：碳晶电采暖技术 + 蓄热式电锅炉技术。

2）分布式清洁能源服务：分布式光伏发电。

（2）商业模式：能源托管模式。

（3）适用场景及效果。该服务方案适用于具有集中大规模供热需求的幼儿园。同时，太阳能资源丰富并具有足够的无遮挡空间、但不具有配置热泵的资源环境要求和空间条件。该方案可有效利用太阳能资源，减少化石能源和市电的消耗，降低二氧化碳和污染物排放，具有一定的环保性。应用电热转换效率较高的碳晶电采暖技术，提高了用户用能体验和舒适度，具有一定的节能效果。装设蓄热式电锅炉技术，用户可以充分利用峰谷电差价，具有较好的经济性。

4. 服务方案四

（1）技术方案。

1）供冷供热供电多能服务：碳晶电采暖技术。

2）分布式清洁能源服务：分布式光伏发电 + 光伏幕墙。

（2）商业模式：能源托管模式。

（3）适用场景及效果。该服务方案适用于具有一定供热需求并且对室内光线无高要求的幼儿园。同时，太阳能资源丰富并具有足够的无遮挡空间、但不具有配置热泵的资源环境要求和空间条件。该方案可大面积有效利用太阳能资源，减少化石能源和市电的消耗，降低二氧化碳和污染物排放，具有较好的环保性。应用电热转换效率较高的碳晶电采暖技术，提高了用户用能体验和舒适度，具有一定的节能效果。

5. 服务方案五

（1）技术方案。

1）供冷供热供电多能服务：蓄热式电锅炉。

2）分布式清洁能源服务：分布式光伏发电 + 光伏幕墙。

（2）商业模式：能源托管模式。

（3）适用场景及效果。该服务方案适用于具有一定供热需求并且对室内光线无高要求的幼儿园。同时，太阳能资源丰富并具有足够的无遮挡空间、但不具有配置热泵的资源环境要求和空间条件。该方案可大面积有效利用太阳能资源，减少化石能源和市电的消耗，降低二氧化碳和污染物排放，具有较好的环保性。装设蓄热式电锅炉，用户可以充分利用峰谷电差价，具有较好的经济性。

2.2.3 在运幼儿园

与新建幼儿园不同，在运幼儿园多采用改造的方式，并且综合能源系统的改造受到已有建筑空间和已有供能方式的限制。该类用户能源需求主要涵盖冷、热、热水、电能等，负荷具有明显的日间运行特性，推荐以下服务方案。

1. 服务方案一

（1）技术方案。

1）综合能效服务：照明改造技术 + 空调节能改造。

2）供冷供热供电多能服务：碳晶电采暖技术。

3）分布式清洁能源服务：分布式光伏发电。

（2）商业模式：合同能源管理（EMC）。

（3）适用场景及效果。该服务方案适用于具有一定供热需求和能效提升需求的幼儿园。同时，太阳能资源丰富并具有足够的无遮挡空间、但不具有配置热泵的资源环境要求和空间条件。该方案可有效利用太阳能资源，减少化石能源和市电的消耗，降低二氧化碳和污染物排放，具有一定的环保性。应用电热转换效率较高的碳晶电采暖技术，提高了用户用能体验和舒适度，通过更换高效绿色照明设备、改造和优化空调系统，可实现较好的节能效果。

2. 服务方案二

（1）技术方案。

1）综合能效服务：照明改造技术 + 空调节能改造。

2）供冷供热供电多能服务：水源、地源、空气源热泵技术。

3）分布式清洁能源服务：分布式光伏发电。

（2）商业模式：合同能源管理（EMC）。

（3）适用场景及效果。该服务方案适用于具有一定供冷和供热需求和能效提升需求的幼儿园。同时周围环境中具有配置热泵的资源环境要求和空间条件、太阳能资源丰富并具有足够的无遮挡空间。该方案可有效利用太阳能资源以及环境热源，减少化石能源和市电的消耗，降低二氧化碳和污染物排放，具有较好的环保性。应用热泵技术，提高了综合能源利用效率，通过更换高效绿色照明设备、改造和优化空调系统，可实现较好的节能效果。

3. 服务方案三

（1）技术方案。

1）综合能效服务：照明改造技术 + 空调节能改造。

2）供冷供热供电多能服务：蓄热式电锅炉技术。

3）分布式清洁能源服务：分布式光伏发电。

（2）商业模式：合同能源管理（EMC）。

（3）适用场景及效果。该服务方案适用于具有一定供热需求和能效提升需求的幼儿园。同时，太阳能资源丰富并具有足够的无遮挡空间、但不具有配置热泵的资源环境要求和空间条件。该方案可有效利用太阳能资源，减少化石能源和市电的消耗，降低二氧化碳和污染物排放，具有一定的环保性。通过更换高效绿色照明设备、改造和优化空调系统，可实现较好的节能效果。装设蓄热式电锅炉，用户可以充分利用峰谷电差价，具有较好的经济性。

4. 服务方案四

（1）技术方案。

1）综合能效服务：照明改造技术 + 空调节能改造。

2）供冷供热供电多能服务：碳晶电采暖技术 + 蓄冷式空调技术。

3）分布式清洁能源服务：分布式光伏发电。

（2）商业模式：合同能源管理（EMC）。

（3）适用场景及效果。该服务方案适用于具有集中大规模供冷、一定供热需求和能效提升需求的幼儿园。同时，太阳能资源丰富并具有足够的无遮挡空间、但不具有配置热泵的资源环境要求和空间条件。该方案可有效利用太阳能资源，减少化石能源和市电的消耗，降低二氧化碳和污染物排放，具有一定的环保性。应用电热转换效率较高的碳晶电采暖技术，提高了用户用能体验和舒适度，通过更换高效绿色照明设备、改造和优化空调系统，可实现较好的节能效果。装设蓄冷式中央空调，用户可以充分利用峰谷电差价，具有较好的经济性。

5. 服务方案五

（1）技术方案。

1）综合能效服务：照明改造技术 + 空调节能改造。

2）供冷供热供电多能服务：蓄热式锅炉技术 + 蓄冷式空调技术。

3）分布式清洁能源服务：分布式光伏发电。

（2）商业模式：合同能源管理（EMC）。

（3）适用场景及效果。该服务方案适用于具有集中大规模供冷、一定供热需求和能效提升需求的幼儿园。同时，太阳能资源丰富并具有足够的无遮挡空间、但不具有配置热泵的资源环境要求和空间条件。该方案可有效利用太阳能资源，减少化石能源和市电的消耗，降低二氧化碳和污染物排放，具有一定的环保性。通过更换高效绿色照明设备、改造和优化空调系统，可实现较好的节能效果。装设蓄冷式中央空调和蓄热式电锅炉，用户可以充分利用峰谷电差价，具有很高的经济性。

2.2.4 新建有供冷需求中小学

相比于新建有供冷需求幼儿园，中小学综合能源负荷具有总量更大、地面场地大、日内运行时间更长、年内寒暑假间歇性更明显的特点，推荐以下服务方案。

1. 服务方案一

（1）技术方案。

1)供冷供热供电多能服务：水源、地源、空气源热泵技术+蓄冷式空调技术。

2）分布式清洁能源服务：分布式光伏发电。

（2）商业模式：能源托管模式。

（3）适用场景及效果。该服务方案适用于具有集中大规模供冷和供热需求的中小学，同时周围环境中具有配置热泵的资源环境要求和空间条件、太阳能资源丰富并具有足够的无遮挡空间。该方案可有效利用太阳能资源以及环境热源，减少化石能源和市电的消耗，降低二氧化碳和污染物排放，具有较好的环保性。应用热泵技术，提高了综合能源利用效率，具有较好的节能效果。同时，装设蓄冷式中央空调，用户可以充分利用峰谷电差价，具有较好的经济性。

2. 服务方案二

（1）技术方案。

1）供冷供热供电多能服务：碳晶电采暖技术 + 蓄冷式空调技术。

2）分布式清洁能源服务：分布式光伏发电。

（2）商业模式：能源托管模式。

（3）适用场景及效果。该服务方案适用于具有集中大规模供冷需求、一定供热需求的中小学。同时，太阳能资源丰富并具有足够的无遮挡空间、但不具有配置热泵的资源环境要求和空间条件。该方案可有效利用太阳能资源，减少化石能源和市电的消耗，降低二氧化碳和污染物排放，具有一定的环保性。应用电热转换效率较高的碳晶电采暖技术，提高了用户用能体验和舒适度，具有一定的节能效果。装设蓄冷式中央空调，用户可以充分利用峰谷电差价，具有较好的经济性。

3. 服务方案三

（1）技术方案。

1）供冷供热供电多能服务：蓄热式电锅炉 + 蓄冷式空调技术。

2）分布式清洁能源服务：分布式光伏发电。

（2）商业模式：能源托管模式。

（3）适用场景及效果。该服务方案适用于具有集中大规模供冷和一定供热需求的中小学。同时，太阳能资源丰富并具有足够的无遮挡空间、但不具有配置热泵的资源环境要求和空间条件。该方案可有效利用太阳能资源，减少化石能源和市电的消耗，降低二氧化碳和污染物排放，具有一定的环保性。装设蓄冷式中央空调和蓄热式电锅炉，用户可以充分利用峰谷电差价，具有很高的经济性。

4. 服务方案四

（1）技术方案。

1）供冷供热供电多能服务：水源、地源、空气源热泵技术 + 碳晶电采暖技术。

2）分布式清洁能源服务：分布式光伏发电。

（2）商业模式：能源托管模式。

（3）适用场景及效果。该服务方案适用于具有一定供冷和供热需求的中小学，同时周围环境中具有配置热泵的资源环境要求和空间条件、太阳能资源丰富并具有足够的无遮挡空间。该方案可有效利用太阳能资源以及环境热源，减少化石能源和市电的消耗，降低二氧化碳和污染物排放，具有较好的环保性。应用热泵技术，提高了综合能源利用效率，具有较好的节能效果。应用电热转换效率较高的碳晶电采暖技术，提高了用户用能体验和舒适度，提高了综合能源利用效率，可实现较好的节能效果。

5. 服务方案五

（1）技术方案。

1）供冷供热供电多能服务：碳晶电采暖技术 + 蓄冷式空调技术。

2）分布式清洁能源服务：分布式光伏发电＋光伏幕墙。

（2）商业模式：能源托管模式。

（3）适用场景及效果。该服务方案适用于具有集中大规模供冷需求、一定供热需求并且对室内光线无高要求的中小学。同时，太阳能资源丰富并具有足够的无遮挡空间、但不具有配置热泵的资源环境要求和空间条件。该方案可大面积有效利用太阳能资源，减少化石能源和市电的消耗，降低二氧化碳和污染物排放，具有较好的环保性。应用电热转换效率较高的碳晶电采暖技术，提高了用户用能体验和舒适度，具有一定的节能效果。装设蓄冷式中央空调，用户可以充分利用峰谷电差价，具有较好的经济性。

2.2.5 新建无供冷需求中小学

新建有供冷需求中小学的能源需求主要涵盖热、热水、电能等，推荐以下服务方案。

1. 服务方案一

（1）技术方案。

1）供冷供热供电多能服务：蓄热式电锅炉技术。

2）分布式清洁能源服务：分布式光伏发电。

（2）商业模式：能源托管模式。

（3）适用场景及效果。该服务方案适用于具有一定供热需求的中小学。同时，太阳能资源丰富并具有足够的无遮挡空间、但不具有配置热泵的资源环境要求和空间条件。该方案可有效利用太阳能资源，减少化石能源和市电的消耗，降低二氧化碳和污染物排放，具有一定的环保效果。装设蓄热式电锅炉，用户可以充分利用峰谷电差价，具有较好的经济性。

2. 服务方案二

（1）技术方案。

1）供冷供热供电多能服务：碳晶电采暖技术。

2）分布式清洁能源服务：分布式光伏发电。

（2）商业模式：能源托管模式。

（3）适用场景及效果。该服务方案适用于具有一定供热需求的中小学。同时，太阳能资源丰富并具有足够的无遮挡空间、但不具有配置热泵的资源环境要求和空间条件。该方案可有效利用太阳能资源，减少化石能源和市电的消耗，降低二氧化碳和污染物排放，具有一定的环保效果。应用电热转换效率较高的碳晶电采暖技术，提高了用户用能体验和舒适度，具有一定的节能效果。

3. 服务方案三

（1）技术方案。

1）供冷供热供电多能服务：碳晶电采暖技术 + 蓄热式电锅炉。

2）分布式清洁能源服务：分布式光伏发电。

（2）商业模式：能源托管模式。

（3）适用场景及效果。该服务方案适用于具有集中大规模供热需求的中小学。同时，太阳能资源丰富并具有足够的无遮挡空间、但不具有配置热泵的资源环境要求和空间条件。该方案可有效利用太阳能资源，减少化石能源和市电的消耗，降低二氧化碳和污染物排放，具有一定的环保效果。应用电热转换效率较高的碳晶电采暖技术，提高了用户用能体验和舒适度，具有一定的节能效果。装设蓄热式电锅炉技术，用户可以充分利用峰谷电差价，具有较好的经济性。

4. 服务方案四

（1）技术方案。

1）供冷供热供电多能服务：碳晶电采暖技术 + 蓄热式电锅炉。

2）分布式清洁能源服务：分布式光伏发电 + 光伏幕墙。

（2）商业模式：能源托管模式。

（3）适用场景及效果。该服务方案适用于具有一定供热需求并且对室内光线无高要求的中小学。同时，太阳能资源丰富并具有足够的无遮挡空间、但不具有配置热泵的资源环境要求和空间条件。该方案可大面积有效利用太阳能资源，减少化石能源和市电的消耗，降低二氧化碳和污染物排放，具有较好的环保性。应用电热转换效率较高的碳晶电采暖技术，提高了用户用能体验和舒适度，具有一定的节能效果。装设蓄热式电锅炉技术，用户可以充分利用峰谷电差价，具有较好的经济性。

5. 服务方案五

（1）技术方案。

1）供冷供热供电多能服务：蓄热式电锅炉。

2）分布式清洁能源服务：分布式光伏发电 + 光伏幕墙。

（2）商业模式：能源托管模式。

（3）适用场景及效果。该服务方案适用于具有一定供热需求并且对室内光线无高要求的中小学。同时，太阳能资源丰富并具有足够的无遮挡空间、但不具有配置热泵的资源环境要求和空间条件。该方案可大面积有效利用太阳能资源，减少化石能源和市电的消耗，降低二氧化碳和污染物排放，具有较好的环保性。装设蓄热式电锅炉，用户可以充分利用峰谷电差价，具有较好的经济性。

2.2.6 在运无住宿中小学

与新建中小学不同，在运中小学多采用改造的方式，并且综合能源系统的改造受到已有建筑空间和已有供能方式的限制。无住宿小学具有明显的日间运行、夜间无负荷需求的特点，推荐以下服务方案。

1. 服务方案一

（1）技术方案。

1）综合能效服务：照明改造技术 + 空调节能改造。

2）供冷供热供电多能服务：碳晶电采暖技术。

3）分布式清洁能源服务：分布式光伏发电。

（2）商业模式：合同能源管理（EMC）。

（3）适用场景及效果。该服务方案适用于具有一定供热需求和能效提升需求的中小学。同时，太阳能资源丰富并具有足够的无遮挡空间、但不具有配置热泵的资源环境要求和空间条件。该方案可有效利用太阳能资源，减少化石能源和市电的消耗，降低二氧化碳和污染物排放，具有一定的环保效果。应用电热转换效率较高的碳晶电采暖技术，提高了用户用能体验和舒适度，通过更换高效绿色照明设备、改造和优化空调系统，可实现较好的节能效果。

2. 服务方案二

（1）技术方案。

1）综合能效服务：照明改造技术 + 空调节能改造。

2）供冷供热供电多能服务：水源、地源、空气源热泵技术。

3）分布式清洁能源服务：分布式光伏发电。

（2）商业模式：合同能源管理（EMC）。

（3）适用场景及效果。该服务方案适用于具有一定供冷和供热需求和能效提升需求的中小学。同时周围环境中具有配置热泵的资源环境要求和空间条件、太阳能资源丰富并具有足够的无遮挡空间。该方案可有效利用太阳能资源以及环境热源，减少化石能源和市电的消耗，降低二氧化碳和污染物排放，具有较好的环保效果。应用热泵技术，提高了综合能源利用效率，通过更换高效绿色照明设备、改造和优化空调系统，可实现较好的节能效果。

3. 服务方案三

（1）技术方案。

1）综合能效服务：照明改造技术 + 空调节能改造。

2）供冷供热供电多能服务：蓄热式电锅炉。

3）分布式清洁能源服务：分布式光伏发电。

（2）商业模式：合同能源管理（EMC）。

（3）适用场景及效果。该服务方案适用于具有一定供热需求和能效提升需求的中小学。同时，太阳能资源丰富并具有足够的无遮挡空间、但不具有配置热泵的资源环境要求和空间条件。该方案可有效利用太阳能资源，减少化石能源和市电的消耗，降低二氧化碳和污染物排放，具有一定的环保效果。通过更换高效绿色照明设备、改造和优化空调系统，可实现较好的节能效果。装设蓄热式电锅炉，用户可以充分利用峰谷电差价，具有较好的经济性。

4. 服务方案四

（1）技术方案。

1）综合能效服务：照明改造技术 + 空调节能改造。

2）供冷供热供电多能服务：蓄热式电锅炉 + 蓄冷式空调技术。

3）分布式清洁能源服务：分布式光伏发电。

（2）商业模式：合同能源管理（EMC）。

（3）适用场景及效果。该服务方案适用于具有集中大规模供冷、一定供热需求和能效提升需求的中小学。同时，太阳能资源丰富并具有足够的无遮挡空间、但不具有配置热泵的资源环境要求和空间条件。该方案可有效利用太阳能资源，减少化石能源和市电的消耗，降低二氧化碳和污染物排放，具有一定的环保效果。通过更换高效绿色照明设备、改造和优化空调系统，可实现较好的节能效果。装设蓄冷式中央空调和蓄热式电锅炉，用户可以充分利用峰谷电差价，具有很高的经济性。

5. 服务方案五

（1）技术方案。

1）综合能效服务：照明改造技术 + 空调节能改造。

2）供冷供热供电多能服务：碳晶电采暖技术 + 蓄冷式空调技术。

3）分布式清洁能源服务：分布式光伏发电。

（2）商业模式：合同能源管理（EMC）。

（3）适用场景及效果。该服务方案适用于具有集中大规模供冷、一定供热需求和能效提升需求的中小学。同时，太阳能资源丰富并具有足够的无遮挡空间、但不具有配置热泵的资源环境要求和空间条件。该方案可有效利用太阳能资源，减少化石能源和市电的消耗，降低二氧化碳和污染物排放，具有一定的环保效果。应用电热转换效率较高的碳晶电采暖技术，提高了用户用能体验和舒适度，通过更换高效绿色照明设备、改造和优化空调系统，可实现较好的节能效果。装设蓄冷式中央空调，用户可以充分利用峰谷电差价，具有较好的经济性。

2.2.7 在运有住宿中小学

与在运无住宿中小学不同，在运有住宿中小学在夜间需要持续供给冷、热、电等负荷，推荐如下服务方案及并给出其适用范围。

1. 服务方案一

（1）技术方案。

1）综合能效服务：照明改造技术 + 空调节能改造。

2）供冷供热供电多能服务：碳晶电采暖技术 + 蓄冷式空调技术。

3）分布式清洁能源服务：分布式光伏发电。

（2）商业模式：合同能源管理（EMC）。

（3）适用场景及效果。该服务方案适用于具有集中大规模供冷、一定供热需求和能效提升需求的中小学。同时，太阳能资源丰富并具有足够的无遮挡空间、但不具有配置热泵的资源环境要求和空间条件。该方案可有效利用太阳能资源，减少化石能源和市电的消耗，降低二氧化碳和污染物排放，具有一定的环保性。应用电热转换效率较高的碳晶电采暖技术，提高了用户用能体验和舒适度，通过更换高效绿色照明设备、改造和优化空调系统，可实现较好的节能效果。装设蓄冷式中央空调，用户可以充分利用峰谷电差价，具有较好的经济性。

2. 服务方案二

（1）技术方案。

1）综合能效服务：照明改造技术 + 空调节能改造。

2）供冷供热供电多能服务：水源、地源、空气源热泵技术。

3）分布式清洁能源服务：分布式光伏发电。

（2）商业模式：合同能源管理（EMC）。

（3）适用场景及效果。该服务方案适用于具有一定供冷和供热需求和能效提升需求的中小学。同时周围环境中具有配置热泵的资源环境要求和空间条件、太阳能资源丰富并具有足够的无遮挡空间。该方案可有效利用太阳能资源以及环境热源，减少化石能源和市电的消耗，降低二氧化碳和污染物排放，具有较好的环保性。应用热泵技术，提高了综合能源利用效率，通过更换高效绿色照明设备、改造和优化空调系统，可实现较好的节能效果。

3. 服务方案三

（1）技术方案。

1）综合能效服务：照明改造技术 + 空调节能改造。

2）供冷供热供电多能服务：蓄热式电锅炉。

3）分布式清洁能源服务：分布式光伏发电。

（2）商业模式：合同能源管理（EMC）。

（3）适用场景及效果。该服务方案适用于具有一定供热需求和能效提升需求的中小学。同时，太阳能资源丰富并具有足够的无遮挡空间、但不具有配置热泵的资源环境要求和空间条件。该方案可有效利用太阳能资源，减少化石能源和市电的消耗，降低二氧化碳和污染物排放，具有一定的环保性。通过更换高效绿色照明设备、改造和优化空调系统，可实现较好的节能效果。装设蓄热式电锅炉，用户可以充分利用峰谷电差价，具有较好的经济性。

4. 服务方案四

（1）技术方案。

1）综合能效服务：照明改造技术＋空调节能改造。

2）供冷供热供电多能服务：蓄热式电锅炉＋蓄冷式空调技术。

3）分布式清洁能源服务：分布式光伏发电。

（2）商业模式：合同能源管理（EMC）。

（3）适用场景及效果。该服务方案适用于具有集中大规模供冷、一定供热需求和能效提升需求的中小学。同时，太阳能资源丰富并具有足够的无遮挡空间、但不具有配置热泵的资源环境要求和空间条件。该方案可有效利用太阳能资源，减少化石能源和市电的消耗，降低二氧化碳和污染物排放，具有一定的环保性。通过更换高效绿色照明设备、改造和优化空调系统，可实现较好的节能效果。装设蓄冷式中央空调和蓄热式电锅炉，用户可以充分利用峰谷电差价，具有很高的经济性。

5. 服务方案五

（1）技术方案。

1）综合能效服务：照明改造技术＋空调节能改造。

2）供冷供热供电多能服务：碳晶电采暖技术＋蓄冷式空调技术。

3）分布式清洁能源服务：分布式光伏发电。

（2）商业模式：合同能源管理（EMC）。

（3）适用场景及效果。该服务方案适用于具有集中大规模供冷、一定供热需求和能效提升需求的中小学。同时，太阳能资源丰富并具有足够的无遮挡空间、但不具有配置热泵的资源环境要求和空间条件。该方案可有效利用太阳能资源，减少化石能源和市电的消耗，降低二氧化碳和污染物排放，具有一定的环保效果。应用电热转换效率较高的碳晶电采暖技术，提高了用户用能体验和舒适度，通过更换高效绿色照明设备、改造和优化空调系统，可实现较好的节能效果。装设蓄冷式中央空调，用户可以充分利用峰谷电差价，具有较好的经济性。

2.2.8 新建大学

相比于新建幼儿园和中小学，大学综合能源系统负荷种类多、需求大、校园可利用面积大、夜间供能需求明显、并且具有明显的环境控制需求。此外，学校对能源系统还有电动车使用和充电需求能源监控和精细化利用等需求。针对新建大学类用户推荐以下服务方案。

1. 服务方案一

（1）技术方案。

1）综合能效服务：客户能效管理。

2）供冷供热供电多能服务：水源、地源、空气源热泵技术 + 碳晶电采暖技术 + 蓄冷式空调技术。

3）分布式清洁能源服务：分布式光伏发电 + 光伏幕墙。

4）专属电动汽车：电动汽车租赁服务 + 充电站建设服务 + 充电设施运维服务。

（2）商业模式：能源托管模式。

（3）适用场景及效果。该服务方案适用于具有集中大规模供冷和供热需求、有使用电动汽车和充电需求、有能源监测和环境控制等需求、对部分室内光线无高要求的大学。同时，太阳能资源丰富并具有足够的无遮挡空间、具有配置热泵的资源环境要求和空间条件。该方案可大面积有效利用太阳能资源以及环境热源，减少化石能源和市电的消耗，降低二氧化碳和污染物排放，具有较好的环保性。应用电热转换效率较高的碳晶电采暖技术，提高了用户用能体验和舒适度，进一步应用热泵技术，提高了综合能源利用效率，可实现较好的节能效果。装设蓄冷式中央空调，用户可以充分利用峰谷电差价，具有较好的经济性。通过提供电动汽车租赁、充电站建设以及充电运维服务，可满足用户的电动汽车使用和充电需求。

2. 服务方案二

（1）技术方案。

1）供冷供热供电多能服务：水源、地源、空气源热泵技术 + 碳晶电采暖技术 + 蓄冷式中央空调。

2）分布式清洁能源服务：分布式光伏发电。

3）专属电动汽车：电动汽车租赁服务 + 充电站建设服务 + 充电设施运维服务。

（2）商业模式：能源托管模式。

（3）适用场景及效果。该服务方案适用于具有集中大规模供冷和供热需求、有使用电动汽车和充电需求的大学。同时，太阳能资源丰富并具有足够的无遮挡空间、具有配置热泵的资源环境要求和空间条件。该方案可有效利用太阳能资源以及环境热源，减少化石能源和市电的消耗，降低二氧化碳和污染物排放，具有较好的环保性。应用电热转换效率较高的碳晶电采暖技术，提高了用户用能体验和舒适度，进一步应用热泵技术，提高了综合能源利用效率，可实现较好的节能效果。装设蓄冷式中央空调，用户可以充分利用峰谷电差价，具有较好的经济性。通过提供电动汽车租赁、充电站建设以及充电运维服务，可满足用户的电动汽车使用和充电需求。

3. 服务方案三

（1）技术方案。

1）供冷供热供电多能服务：蓄热式电锅炉。

2）专属电动汽车：电动汽车租赁服务 + 充电站建设服务 + 充电设施运维服务。

（2）商业模式：能源托管模式。

（3）适用场景及效果。该服务方案适用于具有一定供热需求、有使用电动汽车和充电需求的大学。同时，太阳能资源不丰富或不具有足够的无遮挡空间、不具有配置热泵的资源环境要求和空间条件。装设蓄热式电锅炉，用户可以充分利用峰谷电差价，具有较好的经济性。通过提供电动汽车租赁、充电站建设以及充电运维服务，可满足用户的电动汽车使用和充电需求。

4. 服务方案四

（1）技术方案。

1）综合能效服务：照明改造技术 + 空调节能改造 + 客户能效管理。

2）供冷供热供电多能服务：水源、地源、空气源热泵技术 + 碳晶电采暖技术 + 蓄冷式空调技术。

3）分布式清洁能源服务：分布式光伏发电 + 光伏幕墙。

4）专属电动汽车：电动汽车租赁服务 + 充电站建设服务 + 充电设施运维服务。

（2）商业模式：能源托管模式。

（3）适用场景及效果。该服务方案适用于具有集中大规模供冷和供热需求、有使用电动汽车和充电需求、有高能效需求、有能源监测和环境控制等需求、对部分室内光线无高要求的大学。同时，太阳能资源丰富并具有足够的无遮挡空间、具有配置热泵的资源环境要求和空间条件。该方案可大面积有效利用太阳能资源以及环境热源，减少化石能源和市电的消耗，降低二氧化碳和污染物排放，具有较好的环保性。应用电热转换效率较高的碳晶电采暖技术，提高了用户用能体验和舒适度，进一步应用热泵技术、更换高效绿色照明设备以及改造和优化空调系统，提高了综合能源利用效率，可实现较好的节能效果。装设蓄冷式中央空调，用户可以充分利用峰谷电差价，具有较好的经济性。通过提供电动汽车租赁、充电站建设以及充电运维服务，可满足用户的电动汽车使用和充电需求。

5. 服务方案五

（1）技术方案。

1）供冷供热供电多能服务：蓄热式电锅炉技术 + 蓄冷式空调技术。

2）分布式清洁能源服务：分布式光伏发电 + 光伏幕墙。

3）专属电动汽车：电动汽车租赁服务 + 充电设施运维服务。

（2）商业模式：能源托管模式。

（3）适用场景及效果。该服务方案适用于具有集中大规模供冷和一定供热需求、有使用电动汽车和充电需求、对部分室内光线无高要求的大学。同时，太阳能资源丰富并具有足够的无遮挡空间、不具有配置热泵的资源环境要求和空间条件。该方案可大面积有效利用太阳能资源，减少化石能源和市电的消耗，降低二氧化碳和污染物排放，具有较好的环保性。装设蓄冷式中央空调和蓄热式电锅炉，用户可以充分利用峰谷电差价，具有很高的经济性。通过提供电动汽车租赁以及充电运维服务，可满足用户的电动汽车使用和充电需求。

2.2.9 在运大学

与新建大学不同，在运大学多采用改造的方式，并且综合能源系统的改造受到已有建筑空间和已有供能方式的限制。在运大学的改造是现阶段存在较多的场景，推荐以下服务方案。

1. 服务方案一

（1）技术方案。

1）综合能效服务：客户能效管理。

2）供冷供热供电多能服务：水源、地源、空气源热泵技术 + 蓄热式电锅炉技术 + 蓄冷式空调技术。

3）分布式清洁能源服务：分布式光伏发电 + 光伏幕墙。

4）专属电动汽车：电动汽车租赁服务 + 充电站建设服务 + 充电设施运维服务。

（2）商业模式：能源托管模式。

（3）适用场景及效果。该服务方案适用于具有集中大规模供冷和供热需求、有使用电动汽车和充电需求、有能源监测和环境控制等需求、对部分室内光线无高要求的大学。同时，太阳能资源丰富并具有足够的无遮挡空间、具有配置热泵的资源环境要求和空间条件。该方案可大面积有效利用太阳能资源以及环境热源，减少化石能源和市电的消耗，降低二氧化碳和污染物排放，具有较好的环保性。应用电热转换效率较高的碳晶电采暖技术，提高了用户用能体验和舒适度，进一步应用热泵技术，提高了综合能源利用效率，可实现较好的节能效果。装设蓄冷式中央空调和蓄热式电锅炉，用户可以充分利用峰谷电差价，具有很高的经济性。通过提供电动汽车租赁、充电站建设以及充电运维服务，可满足用户的电动汽车使用和充电需求。

2. 服务方案二

（1）技术方案。

1）供冷供热供电多能服务：水源、地源、空气源热泵技术 + 蓄热式电锅炉技术 + 蓄冷式空调技术。

2）分布式清洁能源服务：分布式光伏发电。

3）专属电动汽车：充电站建设服务 + 充电设施运维服务。

（2）商业模式：合同能源管理（EMC）。

（3）适用场景及效果。该服务方案适用于具有集中大规模供冷和供热需求、有使用电动汽车和充电需求但已建有充电设施的大学。同时，太阳能资源丰富并具有足够的无遮挡空间、具有配置热泵的资源环境要求和空间条件。该方案可有效利用太阳能资源以及环境热源，减少化石能源和市电的消耗，降低二氧化碳和污染物排放，具有较好的环保性。应用热泵技术，提高了综合能源利用效率，具有较好的节能效果。装设蓄冷式中央空调和蓄热式电锅炉，用户可以充分利用峰谷电差价，具有很高的经济性。通过提供电动汽车租赁以及充电运维服务，可满足用户的电动汽车使用和充电需求。

3. 服务方案三

（1）技术方案。

1）综合能效服务：照明改造技术 + 空调节能改造 + 客户能效管理。

2）供冷供热供电多能服务：水源、地源、空气源热泵技术 + 碳晶电采暖技术 + 蓄冷式空调技术。

3）分布式清洁能源服务：分布式光伏发电 + 光伏幕墙。

4）专属电动汽车：电动汽车租赁服务 + 充电站建设服务 + 充电设施运维服务。

（2）商业模式：合同能源管理（EMC）。

（3）适用场景及效果。该服务方案适用于具有集中大规模供冷和供热需求、有使用电动汽车和充电需求、有能效提升需求、有能源监测和环境控制等需求、对部分室内光线无高要求的大学。同时，太阳能资源丰富并具有足够的无遮挡空间、具备配置热泵的资源环境要求和空间条件。该方案可大面积有效利用太阳能资源以及环境热源，减少化石能源和市电的消耗，降低二氧化碳和污染物排放，具有较好的环保性。应用电热转换效率较高的碳晶电采暖技术，提高了用户用能体验和舒适度，进一步应用热泵技术、更换高效绿色照明设备以及改造和优化空调系统，提高了综合能源利用效率，可实现较好的节能效果。装设蓄冷式中央空调，用户可以充分利用峰谷电差价，具有较好的经济性。通过提供电动汽车租赁、充电站建设以及充电运维服务，可满足用户的电动汽车使用和充电需求。

4. 服务方案四

（1）技术方案。

1）供冷供热供电多能服务：碳晶电采暖技术 + 蓄冷式空调技术。

2）分布式清洁能源服务：分布式光伏发电 + 光伏幕墙。

3）专属电动汽车：电动汽车租赁服务 + 充电设施运维服务。

（2）商业模式：合同能源管理（EMC）。

（3）适用场景及效果。该服务方案适用于具有集中大规模供冷和一定供热需求、有使用电动汽车和充电需求、对部分室内光线无高要求的大学。同时，太阳能资源丰富并具有足够的无遮挡空间、不具备配置热泵的资源环境要求和空间条件。该方案可大面积有效利用太阳能资源，减少化石能源和市电的消耗，降低二氧化碳和污染物排放，具有较好的环保性。应用电热转换效率较高的碳晶电采暖技术，提高了用户用能体验和舒适度，具有一定的节能效果。装设蓄冷式中央空调，用户可以充分利用峰谷电差价，具有较好的经济性。通过提供电动汽车租赁以及充电运维服务，可满足用户的电动汽车使用和充电需求。

5. 服务方案五

（1）技术方案。

1）供冷供热供电多能服务：蓄热式电锅炉技术 + 蓄冷式空调技术。

2）分布式清洁能源服务：分布式光伏发电 + 光伏幕墙。

3）专属电动汽车：电动汽车租赁服务 + 充电设施运维服务。

（2）商业模式：合同能源管理（EMC）。

（3）适用场景及效果。该服务方案适用于具有集中大规模供冷和一定供热需求、有使用电动汽车和充电需求、对部分室内光线无高要求的大学。同时，太阳能资源丰富并具有足够的无遮挡空间、不具有配置热泵的资源环境要求和空间条件。该方案可大面积有效利用太阳能资源，减少化石能源和市电的消耗，降低二氧化碳和污染物排放，具有较好的环保性。装设蓄冷式中央空调和蓄热式电锅炉，用户可以充分利用峰谷电差价，具有很高的经济性。通过提供电动汽车租赁以及充电运维服务，可满足用户的电动汽车使用和充电需求。

2.3 案例

2.3.1 河北某教育系统空气源热泵采暖改造工程

1. 项目概况

该工程位于河北省，采暖季室外平均气温在 0℃以下，采暖期约为 120 天。采暖面积共计 62000m^2，均为非节能建筑，实际采暖温度底层跟顶层相差 17℃，其他楼层相差 18℃以上。

2. 项目技术方案

为减少客户改造成本，充分利用室内原有供暖系统（泵及管道），本项目针对热源进行技术改造。同时，考虑规划便捷性及环境美观性，将空气源热泵布置在机组房附近，如图 2-1 所示。

图 2-1 空气源热泵实地安装

根据室内外计算参数、民用建筑供暖单位面积热指标估算值以及采暖负荷等确定机组型号以及数量，空气源热泵的主机选用 20 匹低温热水采暖机组，合计配置 120 套。低温热水采暖机组关键参数见表 2-1。

表 2-1 采暖机组关键参数

机器型号	NERS-G15D
电源规格	380VAC/50Hz
制热量	42.5kW
额定功率	11.5kW
测试条件	干球温度 7℃，湿球温度 6℃，进水温度 9℃，出水温度 55℃

整个系统由机组主模块进行控制，主模块给予循环泵及子模块信号逐级启动，同时系统根据用户室内温度或采暖面积的增减，合理调节机组开启，使系统运行更可靠、更稳定、更节能。在补水上，根据检测系统压力变力自动补水，方便省心。

3. 项目商业模式

项目采用合同能源管理（EMC）模式，由学校出资、节能服务公司实施。

由综合能源服务公司向客户提供能源审计、可行性研究、项目设计、设备和材料采购、工程施工、节能量检测、改造系统的运行、维护和管理等服务。综合能源服务公司通过节能收益收回成本并获利。

4. 项目效果分析

（1）经济效益。一个采暖季，耗电量为 168.7 万 kWh。按照 0.52 元 /kWh 的电价，采暖费用约为 877 344 元，每季费用仅为 14.1 元 /m^2，低于集中采暖价格。

（2）环保效益。每个采暖季可减少燃煤使用 771.9t 左右，减少 CO_2 排放 2321t，减少 SO_2 排放 5.82t，减少 NO_x 排放 5.31t。

5. 项目经验总结

（1）应考虑室内外计算参数、热指标估算以及采暖负荷等细节，确定最合适的机组型号和数量。

（2）应适当考虑极端天气、负荷波动等随机要素对规划方案可行性的影响。

2.3.2 天津某高中碳晶板采暖改造工程

1. 项目概况

天津市宝坻区某高中原采用 2t 燃煤锅炉满足冬季采暖需求，冬季最低温度 0℃以下，采暖期约为 120 天。该碳晶板采暖项目于 2015 年 11 月建成投运，改造采暖面积近 4000m^2。

2. 项目技术方案

碳晶板采暖是由碳纤维材料为发热体制作而成的加热板通过可见光电磁辐射发热，同时红外线对人体具备一定的保健作用。碳晶板采暖工程实施过程：

（1）首先地面找平，在水泥地面上铺上一层光纤膜，然后再在光纤膜上铺上一层隔热层。

（2）将碳晶板铺在设定好的位置上，同时预留出出线管，将电线置放接线管内，线的模块应使用特制的线管相连，并且套上防水塑胶管，再用热风机加热热封。

（3）地线管先用 PVC 管再封面，同时 PVC 管之间再使用专用胶水作防水处理。

（4）最后将温控开关相连上。

图 2-2 中曲线为该用户碳晶板采暖改造后典型日的采暖负荷曲线，从中可以看出负荷特性曲线与学校上下学时间基本一致，上午八九点左右达到负荷最高值，中午 11 点左右进入午休时间，负荷开始下降，随着气温逐渐上升，下午负荷维持在相对较低水平。

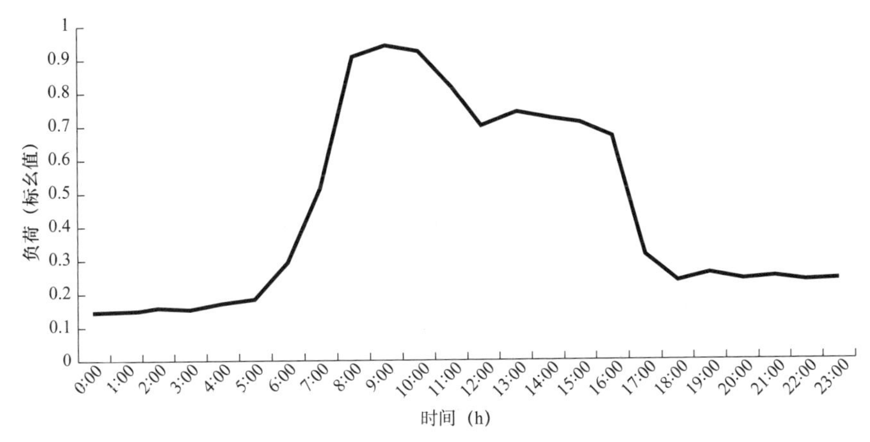

图 2-2 典型日采暖负荷曲线

3. 项目商业模式

项目采用合同能源管理（EMC）模式，由综合能源服务公司向客户提供能源审计、可行性研究、项目设计、设备和材料采购、工程施工、人员培训、节能量检测、改造系统的运行、维护和管理等服务。综合能源服务公司通过节能收益收回成本并获利。

4. 项目效果分析

本项目总投资 96.3 万元，折合 240.75 元 /m^3，其中，碳晶板设备总容量 375kW，建设成本 49.8 万元，折合 124.5 元 /m^3、1328 元 /kW。

（1）经济效益。冬季采暖期间室内设温度平均 18~20℃，折合一个采暖季（120 天左右）碳晶板采暖费为 18 元 /m^3。年度采暖电费成本 20 万元左右。

（2）环保效益。每个采暖季可减少燃煤使用 40t 左右，减少 CO_2 排放 104t，减少 SO_2 排放 0.96t，减少 NO_x 排放 0.28t。

5. 项目经验总结

中小学作息时间固定，多无住宿需求。采用碳晶板的形式进行采暖，可以实现采暖负荷的分时分区控制，同时避免了周六日及寒假期间的不必要供热需求，具备较高的经济性。该方案适宜在中小学及幼儿园推广。

2.3.3 上海某大学综合能源服务示范工程

1. 项目概况

上海某大学新校区占地面积 960 亩，一二期建筑面积总计 25.8 万 m^2，全日制在校生 10000 余。该校区由国网节能服务有限公司投资，国网节能设计研究院总承包，建设智能微电网综合能源服务项目，项目建设实地如图 2-3 所示。

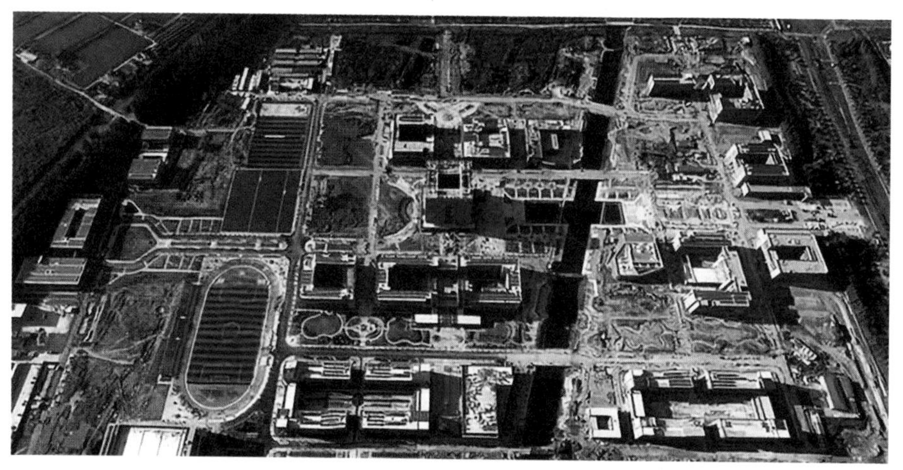

图 2-3 上海某大学实地鸟瞰图

该建设项目包括 1 套智慧能源管理系统（由智能能源管控系统总平台、智能微网子系统、建筑群能耗监测管理子系统等组成）、装机容量 2061kW 光伏发电系统、300kW 风力发电系统、总容量 500kWh 多类型储能系统、49kW 光电一体化充电站、10 套太阳能 + 空气源热水系统以及 5 杆风光互补型智慧路灯。

2. 项目技术方案

学校用能需求主要为电、热水、冷、热。该校区用冷和供暖需求在学校工程建设中已同时建设了中央空调，因此该项目设计时主要满足学校用电和用热水的需求。

（1）用电负荷。学校一二期建筑面积总计 25.8 万 m^2，经测算，假期期间总用电负荷约为 2584kW，配置约 2MW 的新能源发电系统，所发电量基本可在校园配电网内消纳。

（2）用热水负荷。该校师生约为10200人，按照每天60%的学生使用淋浴器，每人平均每天消耗热水60L，约需要400t。根据公寓楼屋面布局，配置了日储480t热水的能力。

为了满足大学校园多种能源需求，所设计校园微能源网及其智慧管控系统配置如下：

（1）分布式光伏发电系统，分布于全校21栋建筑屋面及一个光电一体化充电站车棚棚顶，如图2-4所示，安装总装机容量2061kW。光伏组件采用单晶、多晶、BHPV、PERC、切半、叠片等多种组件形式，供应清洁电力的同时为学校师生免费提供了研究新能源技术的场所。

图2-4 上海某大学光伏阵列现场图

（2）风力发电系统，采用一台300kW水平轴永磁直驱风力发电机组，与光伏发电系统、储能系统组成微电网系统。

（3）储能系统，系统配置有容量为100kW×2h的磷酸铁锂电池、150kW×2h的铅炭电池和100kW×10s的超级电容储能设备。三种储能设备与学校的不间断电源相连，一并接入微网系统。

（4）太阳能空气源热泵热水系统，分布于10栋公寓楼屋面，为了提高能效，每栋楼采用空气源热泵及太阳能集热器组合形式。33台空气源热泵满负荷工作运行，晴好天气充分利用太阳能，全天可供应热水800余t，保证全校10000余师生的生活热水使用需求。

（5）智能微网，采用光伏发电、风力发电等发电及储能技术、智能变压器等智能变配电设备，实现用电信息自动采集、供电故障快速响应、综合节能管理、智慧办公互动、新能源接入管理。在切断外部电源的情况下，微电网内的重要设备可离网运行 1 ～ 2h。

（6）智慧能源管控系统，该系统主要监测风电、光伏发电、储能、太阳能 + 空气源热泵热水系统的运行情况，实现与智能微网、校园照明智能控制系统及校园微网系统的信息集成及数据共享，对新能源发电、园区用电、园区供热等综合能源资源的动态实时监控与管理，通过对数据分析与挖掘，实现各种节能控制系统综合管控，是整个项目的智慧大脑。

3. 项目商业模式

该项目总投资 3502 万元，由国网节能公司提供 20 年运营。项目内容中风机的投资回收期最长，热水投资回收期最短。项目中的热水收益主要来自热水供应收费；光伏发电和风力发电通过收取电费（自发自用 + 余电上网）获得经济效益；而储能和管控平台不能直接产生经济效益。由于学校为公共事业单位，用能稳定，风险很小，尽管收益率不是很高，但收益稳定，因此具有示范推广意义。

4. 项目效果分析

（1）经济效益。项目于 2018 年 9 月开始试运行，截止到 2019 年 1 月新能源发电系统已累计发电 90 万 kWh。太阳能空气源热泵热水系统，全天供应热水 800t，累计供应热水 3.6 万 t。累计节约运行成本约 110 万元。

（2）环保效益。折算年节约标准煤 274.5t，每年可减少 CO_2 排放 825.4t，减少 SO_2 排放 2.0t，减少 NO_x 排放 1.9t。

5. 项目经验总结

作为公用事业单位，学校具有用能需求稳定、投资风险低的特点，用能需求主要为电、热水、冷、热、气。该校区智能微电网综合能源服务项目方案是与整个校园建设一同整体策划，高度关注客户的需求，规划时重点梳理了校区的用能特点和当地能源资源，经过多轮技术论证和经济性评价最终得出可行性研究报告，目的是确保项目的示范性和实用性，“技术适度超前、工程经济可行”。

该项目主要满足了用户三个层面的需求：一是基本用能需求，即满足学校师生用电、用热水需求；二是潜在需求，即教学、科研、培训需求，如光伏发电、风电、储能等系统都可以理论结合实践进行案例教学，开展科研发表论文等；三是增值需求，即在申请一级学科博士点、申请上海市高水平应用大学等方面，该试点项目为其加分不少。

整个微电网示范项目，一定有不盈利的，也有盈利的部分。如何发挥好各自的作用和价值以满足客户需求是关键。如果将客户需求分为显性需求和隐性需求，那么显性需求即满足学生用能（电、热水等）以及学校节能约束需求，隐性需求即满足教学、科研需求及增值需求。从项目本身来说，大部分收益来自热水系统和新能源发电。学校用能稳定，采用单一电价，没有峰谷电价，因此储能系统并无收益，主要用于平抑风力发电负荷波动以及教学、科研。其中，布置超级电容是为了平抑风力发电产生的冲击，特别是启停时都是大冲击。锂电池和铅炭电池储能主要用于教学、科研，可以对比两者的功效。

2.3.4 天津某大学地源热泵集中能源站工程

1. 项目概况

天津某大学地源热泵集中能源站工程分别为该学校的行政楼、会议中心、综合体育馆和大学生活动中心共 4 个单体建筑提供集中供冷 / 暖服务，设计功能面积 59534m^2，设计供冷负荷 7.5MW，设计供暖负荷 6.5MW。

2. 项目技术方案

地源热泵是一种利用地下浅层地热资源既能供热又能制冷的高效节能环保型空调系统。地源热泵通过输入少量的高品位能源（电能），即可实现能量从低温热源向高温热源的转移。

该项目冬季供暖采用地源热泵 + 燃气锅炉形式；夏季供冷采用地源热泵 + 常规冷水机组形式，热泵机组承担 58% 设计热负荷。

3. 项目商业模式

项目采用合同能源管理（EMC）模式，由综合能源服务公司向客户提供能源审计、可行性研究、项目设计、设备和材料采购、工程施工、人员培训、节能量检测、改造系统的运行、维护和管理等服务。综合能源服务公司通过节能收益收回成本并获利。

4. 项目效果分析

（1）经济效益。本项目和常规市政供暖 + 分体空调相比，初投资增加 668 万元，运行成本年均降低 182 万元，投资增量的静态回收期为 3.7 年。

（2）环保效益。与传统燃煤锅炉比，折算年节约标准煤约 491t，每年可减少 CO_2 排放 615.7t，减少 SO_2 排放 11.67t，减少 NO_x 排放约 4.43t。

5. 项目经验总结

（1）节能收益会受到不同地区能源政策、燃料价格、分时电价等因素的影响，在投资收益分析时应充分考虑上述政策与价格风险。

（2）采用地源热泵作为节能设备，依赖于当地地热资源，应注意保持取热和还热的年际平衡。

2.3.5 天津某幼儿园空气源热泵供暖项目

1. 项目概况

天津市某幼儿园采暖工程改造项目总面积为 22 025m²，每年采暖时间为 120 天，冬季平均温度 0℃以下，设计采用空气源热泵的采暖方案。

2. 项目技术方案

（1）室内末端形式及供回水温度。本工程室内供暖末端按原系统，不重新设计室内末端形式，冬季供水温度为 55℃。

（2）设计负荷及设备选型。经测算，幼儿园冬季采暖面积 2012m²，单位热负荷 90W/m²，总热负荷 181kW。

供暖机组热泵技术作为一种节能技术，在节约能源、保护环境方面具虽说有独特的优势，然而在环境温度较低、水温较高的应用条件下不能正常运行，从而限制了普通空气源热泵的推广应用。低温高温出水空气源热泵技术可在 -26℃以上的室外环境正常运行，供热出水温度最高可达 60℃，大大拓展了空气源热泵技术的应用范围，可直接取代传统燃煤锅炉，天然气等供暖设备，为寒冷地区暖气片采暖系统提供供热解决方案。

根据设计负荷选用某烈焰系列空气源热泵机组（DN-Y1400NSN1-H）共 2 台，该空气源热泵关键参数见表 2-2。制热工况：环境温度 -12℃（干球），达到 55℃出水，单台制热量 90kW，输入功率 38kW。

表 2-2 选用的空气源热泵关键参数

空气源热泵参数			辅助设备耗电（kW）	系统总功率（kW）
设备型号	数量（台）	耗电功率（kW）		
DN-Y1400/NSN1-H	2	93.4	11	104.4

（3）系统设计。空气源热泵机组由蒸发器、冷凝器、压缩机、膨胀阀四大主要部件构成封闭系统，其内充注有适量的工质。

空气源热泵机组是由一个或多个模块组合而成，每个模块都有自己独立的电控单元，各模块电控单元之间以通信网络连接进行信息交换。空气源热泵机组结构紧凑，易于运输和吊装，同时为用户节省了冷却塔、冷却水泵等设施，降低了安装成本。

该空气源泵机组为中央空调工程的集中式空气处理设备或末端装置提供冷冻水或热水。机组为完全独立的整体式机组，设计成室外（屋顶或地面）安装。每台机组包括采用高效率、低噪声涡旋式压缩机、风冷式冷凝器、壳管式（或板式、套管式等）蒸发器以及微电脑控制中心等主要部件，全部安装在钢结构底座上，坚固耐用。

3. 项目商业模式

综合能源服务商负责建设空气源热泵系统，并向用户提供供暖服务，负责后期设备维护。由用户承担能源费用，服务费用合计 13.11 万元，分 3 年支付，服务期满后合同结束。

4. 项目效果分析

投资预算：本项目总建筑面积约为 2012m^2，每平方米改造费用约为 215 元，合计总费用约为 432580 万元。

运行费测算：运行费用 = 设备功率 × 采暖天数 × 供热小时数 × 部分负荷系数 × 电费 + 设备功率 × 采暖天数 × 夜间低温运行小时数 × 运行系数 × 电费，其中设备功率 104.4kW、每天供热小时数 12h、夜间低温运行小时数 12h、采暖天数 120 天、平均电价 0.51 元 /kWh、部分负荷系数 0.6、运行系数 0.24，合计总费用约为64404元，其中日间采暖电费46003元、夜间低温运行电费18401元。

5. 项目经验总结

（1）采用地下水的利用方式，会受到当地地下水资源的制约。

（2）设备选型时应充分考虑设备运行环境，不同运行环境下需要对设备运行参数或运行曲线进行修正，以达到精确控制的目的。

2.3.6 天津某中学综合智慧能源工程

1. 项目概况

天津某中学地处京津之间，是一所全日制寄宿式中学。新建一期工程9.4万m^2已投入使用，可以容纳72个班、约3600名学生，分为教学、生活和体育活动三大功能区。

2. 项目技术方案

本项目将重点规划和建设四个子系统，包括供暖系统、生活热水系统、照明系统以及智慧采集及能源监测系统。

供暖系统采用燃气锅炉供暖方式，供暖设计热负荷6158kW。生活热水系统采用空气源热泵+燃气锅炉辅助加热方式供应学生洗浴用生活热水，生活热水设计日用热量2343kWh。照明系统采用节能灯替换教室原有灯具，照明系统替换节能灯1296个。智慧采集及能源监测系统，通过智能仪表和数据处理中心对学校内的分项电负荷、分项水量、分项热量、典型房间室内温湿度数据进行监测和分析，基于建筑的使用特性对各建筑单体的室内温度进行分时温控。

（1）供暖系统设计方案。综合考虑各方案和初投资、运行费用，根据能源站可能存在的能源利用形式对系统的设计方案进行分析，以期得到较为合理的热源设计方案。

1）适用于本项目的供暖和供热水方案如下：

方案一：燃气锅炉供暖系统；

方案二：空气源热泵供暖系统。

2）热源配置如下：

方案一：配置三台制热量为2500kW的冷凝式低氮锅炉；

方案二：配置五台制热量为 1200kW 的 CO_2 热泵机组。

（2）节能灯系统设计方案。

为降低教室内的照明系统的运行能耗，特对各年级教室内的灯管进行节能改造。根据该中学要求，对 72 间教室进行节能灯管改造，单个教室 18 个节能灯管，累计 1296 个灯管。

（3）信息采集及能源监测平台设计方案。

能源监测平台由现场数据采集系统、通信系统、数据中心和展示界面四部分组成。能源服务平台可建设在本地或与服务器上，采集本地、远程能耗数据，存储于本地或云端，统一实现包括计量、监测和管理功能，达到“监管一体化”的目标。能源管理者或监管者可通过电脑、移动终端随时随地浏览平台中的相关能耗数据，最终实现能源的有效利用，达到节能减排的目的。

3. 项目商业模式

项目采用合同能源管理（EMC）模式，由综合能源服务公司向客户提供能源审计、可行性研究、项目设计、设备和材料采购、工程施工、人员培训、节能量检测、改造系统的运行、维护和管理等服务。综合能源服务公司通过节能收益收回成本并获利。

4. 项目效果分析

本综合能源服务项目满足了该校多种能源需求。通过节能灯管改造，有效提高了照明用能效率、降低照明费用。

5. 项目经验总结

针对在运项目，主要通过节能设备改造实现运行费用降低、用能效率的提升。

2.3.7 天津某学校电采暖改造项目

1. 项目概况

天津某学校电采暖改造项目共包括学校 248 所、建筑面积 75.13 万 m^2。建筑年龄绝大部分在 20 年以上，建筑节能保温水平较差，仅白天有采暖需求。248 所学校中 54 所是中学，其余为小学、幼儿园。执行非居民合表电价 0.505 元 /kWh。

2. 项目技术方案

根据不同电采暖方式的特点，综合能源服务公司提供了碳晶板、电锅炉和空气源热泵三种电采暖的改造方式建议，并向学校说明相应的技术特点及适用性。各学校从自身用能特点、当前供暖管路的现状、后期运行费用等方面综合考虑，确定了各自改造方式。节能公司根据用户选择方式，逐一进行了现场勘查，确认了用户选择方式的可行性。电采暖改造选型方式统计见表 2–3。

表 2-3 电采暖选型

用户类型	电采暖方式	数量（个）	面积（万 m^2）
学校	碳晶板	241+4	70.19
	电锅炉	2+4	4.34
	空气源热泵	1	0.6

241 个采用碳晶板，2 个采用电锅炉，4 个采取碳晶板和电锅炉的组合方式（教学区采用碳晶版，家属区采用电锅炉），碳晶板采暖面积合计 70.19 万 m^2，电锅炉采暖面积合计 4.34 万 m^2；1 个采用空气源热泵，采暖面积 0.6 万 m^2。

3. 项目商业模式

通过与该区区政府沟通协商，项目计划采用“综合能源服务公司统一组织、政府分期付款、用户自行运行”的模式，电采暖设备和内部变配电工程均由综合能源公司统一组织供应商共同出资建设，政府分 5 年支付给综合能源服务公司初期投资和合理收益，设备运行电费由使用方自行承担。

4. 项目效果分析

（1）经济效益。本项目选用三种不同的改造方式，其中碳晶板总投资 7019 万元，电锅炉总投资 347.2 万元，空气热源泵总投资 108 万元，合计初投资 7474.2 万元，根据不同形式带来的不同效益，投资回收期约为 3 年。

（2）环保效益。与传统燃煤锅炉比，折算年节约标准煤约 491t，每年可减少 CO_2 排放 615.7t，减少 SO_2 排放 11.67t，减少 NO_x 排放约 4.43t。

5. 项目经验总结

（1）碳晶电热板温控器应牢靠固定于墙壁。

（2）为减小环境温度的测量误差，温控器应平行墙面且垂直地面安装，距离地面越高温度控制效果越好。

（3）由于学校分散，应充分保障各学校的供热温度，需注意后期的维护工作。

2.3.8 天津某学校配套 VRV 多联机空调系统项目

1. 项目概况

天津河西区某大学共 15 栋宿舍楼，4052 间宿舍的空调配套工程。项目需求如下：

（1）解决约 14532 名学生宿舍夏季制冷问题，满足学生日益提高的生活水平需求，为学生营造更加舒适的居住环境。

（2）根据学校现有电力容量，优化空调机组设计、运行方案，以最小的电力增容量解决空调机组用电负荷与电力容量不匹配的矛盾。

（3）提供合理的项目金融方案，为建设方化解资金投入不足的困难。

（4）提供质量、性能优越的空调产品，满足节能、环保、舒适的运行要求，提供完善的质保、保修期限及相关维护服务承诺。

2. 项目技术方案

（1）空调形式选择。针对该项目供冷需求，可考虑采用分体式空调器或 VRV 多联机空调系统空调两种形式。两种形式的对比见表 2–4。

表 2–4 空调形式对比

对比项目	VRV 多联机空调	分体式空调
建设工期	不涉及宿舍改造， 一次性建设完成，工期短	需先进行宿舍电力线路改造， 后安装空调机组，工期长
环境影响	主机放置可放置在地面， 不会对建筑外墙造成美观影响	主机外挂、破坏墙面，影响美观， 后期主机运维装卸难度大
集中管理	可远程、分时分区、集中管控	无法集中管理
运行能耗	智能变频，较普通空调节能 30%	能耗高、电力增容量大
初期投资	初期设备成本较高， 但无电力线路改造成本	设备成本低、但含电力改造后投资费用与 VRV 系统相当

通过以上对比分析，发现 VRV 多联机空调系统具有以下优点：

1）不涉及现有宿舍进行电力线路改造，可一次性建设完成，工期短，能够满足本项目工期紧的需求。

2）VRV 多联机空调系统可以实现全方位动态远程智能监控，便于集中运行管理，通过采取分时、分区、远程温度设定等优化运行方式，减少电力负荷压力，大幅缓解本项目电力容量与负荷不匹配的矛盾。

3）VRV 多联机空调系统为变频、节能机组，运行费用较普通空调节省 30% 以上，为建设方节省后期大量运行费用。

4）VRV 多联机空调系统为整体建设投资，不涉及电力线路改造投资，便于为建设方提供完整的金融方案，解决建设方建设资金投入难题。

因此，结合本项目的自身特点，推荐采用 VRV 多联机空调系统形式。

（2）空调规格及型号。经设计测算，选用室内机制冷功率为 2.2kW、2.8kW 两种规格。设备选用超薄静音型风管机，厚度 200mm，节省安装空间，噪声仅为 30dB（A），为学生创造良好的休息环境。

（3）VRV 系统主机配置。结合建筑特点及房间布局、数量等将室内机制冷功率与室外主机单机功率、数量进行最优配置，确保设备投资最省、管线布置最合理，制冷效果最佳。

主机选取制冷量分别为 25kW、40kW、45kW、50kW、56kW、67kW、78.5kW、90kW 共 8 种规格的机型。主机均选用变频，高效节能型产品。

（4）管路布置设计。本项目选址机组采用 R410A 制冷剂，其铜管及配件：脱油脂、挤压均符合无缝铜管 GB/T 17791—2017《空调与制冷设备用铜及铜合金无缝管》的要求。为了保证冷媒分流均匀，安装分歧管组件时应注意其水平直管道的距离：

1）铜管转弯处与相邻分歧管间的水平直管段距离应不小于 1m，如图 2-5 所示。

2）相邻两分歧管间的水平直管段距离应不小于 1m。

3）分歧管后连接室内机的水平直管段距离应不小于 0.5m。

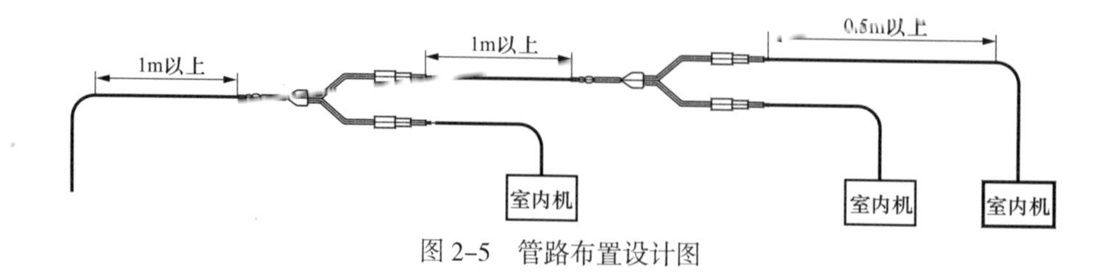

图 2-5　管路布置设计图

（5）智能控制设计。该项目 VRV 多联机空调智能控制系统设计为独立控制、集中控制相结合，以集中控制为主的方式，满足学校方进行分时、分区优化运行策略、减少同时用电负荷的要求。可实现如下控制：

1）触摸按键可选，外观精美，操作方便；

2）运转、停止、温度设定、摆风、睡眠、停电记忆等；

3）制冷 / 制热 / 自动 / 送风多种模式转换；

4）液晶屏幕显示运转情况；

5）温度调节，定时开关机功能；

6）故障代码显示功能。

（6）智能集中管理系统。将空调室内机、室外机与电脑连接起来，通过一套智能管理电脑软件系统实现全部机组的启停、监控等，功能强大，操作简单，智能集中管理系统结构如图 2–6 所示。

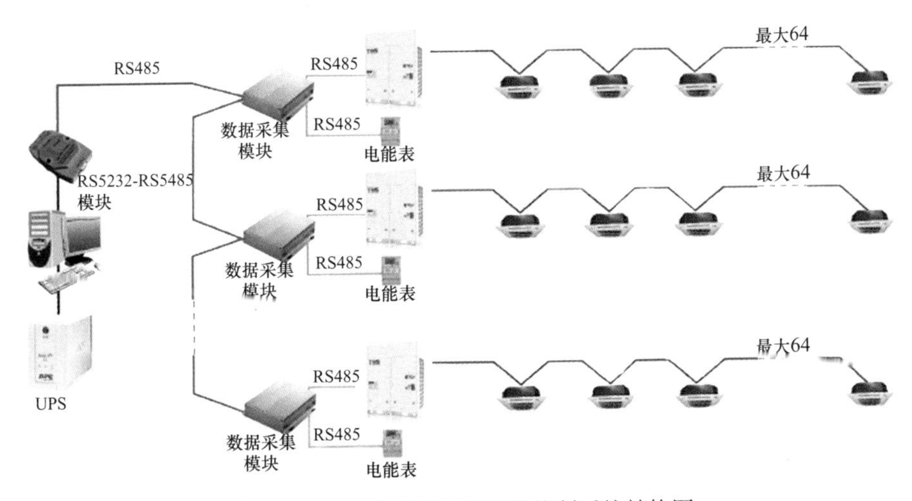

图 2–6 VRV 多联机空调智能控制系统结构图

智能集中管理系统可实现以下功能：

1）分组、分区管理；

2）空调使用时间管理；

3）权限设定；

4）温度管理、温度调节，定时开关机；

5）故障代码显示功能；

6）完善的日程管理功能、历史数据记录；

7）单台或者集中运转、停止、温度设定、模式转换等功能；

8）可在同一个地方对多幢宿舍楼的空调系统进行集中控制。

3. 项目商业模式

采用融资租赁型合同能源管理模式，由综合能源服务公司负责该项目的投资、设计和建设。通过向该大学收取节能服务费用的方式收回成本及收益。

4. 项目效果分析

本项目在满足校方供冷需求的基础上，切实解决了校方资金投入难题，能满足项目健康、持续发展，符合环保要求，具有较好的经济效益、环境效益和社会效益。本项目建成后可为用户、投资方及社会各方面带来以下效益：

（1）该项目的成功实施，将使约 1.45 万高校学生的宿舍供冷问题得到彻底解决。此外，项目通过运用智能集中管理系统，解决了学校用电负荷与电力容量不匹配的困难，极大降低了校方电力系统改造费用。

（2）采用合同能源管理模式，由综合能源服务公司负责投融资，解决了校方资金投入难题。

5. 项目经验总结

本项目的成功实施可以辐射周边高校类似项目的拓展，有利于开拓供冷服务综合服务业务。

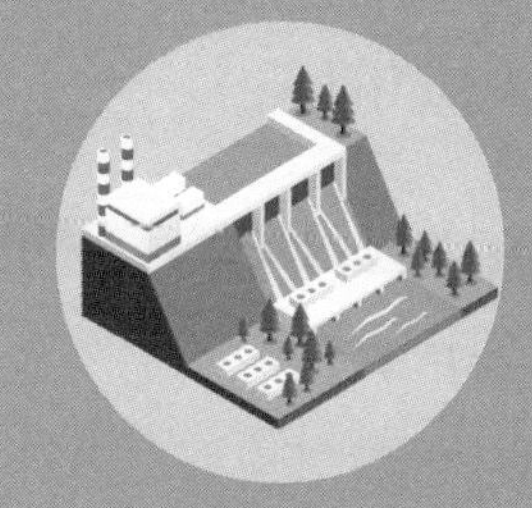

城市综合体领域的综合能源服务解决方案

城市综合体领域用能可按广大新建、在运商业综合体和生活综合体分析提供按需定制服务，本章分别分析典型应用场景与用能需求特点、提供10种综合能源服务组合解决方案并有4个案例解析，为城市综合体提供可复制、可推广的综合能源解决方案。

3.1 应用场景与用能需求特点

3.1.1 应用场景

城市综合体的应用场景可分为：

（1）新建城市综合体，主要包括新建商业综合体与生活综合体。由于综合体处于建设期，可参与规划、设计、建设，提供全过程综合供能服务。

（2）在运城市综合体，主要包括在运商业综合体与生活综合体。由于综合体已建成，受场所与已有供能方式限制，仅能对部分供能设备进行施工改造，侧重于能效提升。

3.1.2 用能需求特点

城市综合体的用能需求特点是：

（1）日内负荷需求集中、用能时间具有规律性。由于营业时间以及用能习惯限制，城市综合体的日内负荷具有明显的峰谷特性。节假日负荷与平日负荷的峰谷特性具有明显差别。

（2）北方城市综合体的负荷需求具有季节差异性。由于气候原因，冬季采暖需求、夏季供冷需求。

（3）一般具有饮用热水、生活热水需求。

（4）环境控制需求。高端商场、写字楼等城市综合体对环境温度和光线有一定的精细调控需求。

（5）餐饮用能需求。一般具有餐饮用气、用电等负荷需求。

3.1.3 服务方案特点

城市综合体的综合能源服务方案有如下特点：

（1）采用多能互补技术，能源供应协调有序，安全稳定，保障客户用能品质，满足城市综合体对于高品质能源的需求。

（2）采用节能和环保供能技术。实现清洁环保、无噪声污染，满足高端商业或生活综合体对环境的要求。

（3）充分利用供能时间区间的规律性，实现峰谷套利，节约费用支出，实现城市综合体经济用能。

3.2 解决方案

3.2.1 新建城市综合体

新建城市综合体用户能源需求主要涵盖冷、热、热水、电能等，各类负荷规律性显著，具有明显的日间运行特征、峰谷特性和季节差异性，推荐如下服务方案。

1. 服务方案一

（1）技术方案。

1）综合能效服务：客户能效管理。

2）供冷供热供电多能服务：水源、地源、空气源热泵技术 + 蓄热式电锅炉技术 + 蓄冷式空调技术。

3）分布式清洁能源服务：分布式光伏发电 + 光伏幕墙。

4）专属电动汽车：充电站建设服务 + 充电设施运维服务。

（2）商业模式：能源托管模式。

（3）适用场景及效果。该服务方案适用于具有集中大规模供冷和供热需求、有电动汽车充电需求、有能源监测和环境控制等需求、对部分室内光线无高要求的城市综合体。同时，太阳能资源丰富并具有足够的无遮挡空间、具有配置热泵的资源环境要求和空间条件。该方案可大面积有效利用太阳能资源以及环境热源，减少化石能源和市电的消耗，降低二氧化碳和污染物排放，具有较好的环保性。应用热泵技术提高了综合能源利用效率，具有较好的节能效果。采用蓄冷式中央空调和蓄热式电锅炉，用户可以充分利用峰谷电差价，具有很高的经济性。提供充电站建设以及充电运维服务，可满足用户的电动汽车充电需求。

2. 服务方案二

（1）技术方案。

1）供冷供热供电多能服务：水源、地源、空气源热泵技术。

2）分布式清洁能源服务：分布式光伏发电 + 光伏幕墙。

3）专属电动汽车：充电站建设服务 + 充电设施运维服务。

（2）商业模式：能源托管模式。

（3）适用场景及效果。该服务方案适用于具有一定供冷和供热需求、有电动汽车充电需求、对部分室内光线无高要求的城市综合体。同时，太阳能资源丰富并具有足够的无遮挡空间，不具有配置热泵的资源环境要求和空间条件，不具有峰谷电价的场景。该方案可大面积有效利用太阳能资源，减少化石能源和市电的消耗，降低二氧化碳和污染物排放，具有较好的环保性。应用热泵技术提高了综合能源利用效率，具有较好的节能效果。提供充电站建设以及充电运维服务，可满足用户的电动汽车充电需求。

3. 服务方案三

（1）技术方案。

1）供冷供热供电多能服务：蓄热式电锅炉。

2）专属电动汽车：充电站建设服务 + 充电设施运维服务。

（2）商业模式：能源托管模式。

（3）适用场景及效果。该服务方案适用于具有一定供热需求、有电动汽车充电需求的城市综合体。同时，太阳能资源不丰富或不具有足够的无遮挡空间、不具有配置热泵的资源环境要求和空间条件。采用蓄热式电锅炉，用户可以充分利用峰谷电差价，具有较好的经济性。提供充电站建设以及充电运维服务，可满足用户的电动汽车充电需求。

4. 服务方案四

（1）技术方案。

1）综合能效服务：客户能效管理。

2）供冷供热供电多能服务：水源、地源、空气源热泵技术 + 蓄热式电锅炉技术 + 蓄冷式空调技术。

3）专属电动汽车：充电站建设服务 + 充电设施运维服务。

（2）商业模式：能源托管模式。

（3）适用场景及效果。该服务方案适用于具有集中大规模供冷和供热需求、有电动汽车充电需求、有能源监测和环境控制等需求的城市综合体。同时，太阳能资源不丰富或不具有足够的无遮挡空间、具有配置热泵的资源环境要求和空间条件。该方案可有效利用环境热源，减少化石能源和市电的消耗，降低二氧化碳和污染物排放，具有较好的环保性。应用热泵技术提高了综合能源利用效率，具有较好的节能效果。采用蓄冷式中央空调和蓄热式电锅炉，用户可以充分利用峰谷电差价，具有很高的经济性。提供充电站建设以及充电运维服务，可满足用户的电动汽车充电需求。

5. 服务方案五

（1）技术方案。

1）综合能效服务：客户能效管理。

2）供冷供热供电多能服务：水源、地源、空气源热泵技术 + 蓄热式电锅炉 + 蓄冷式空调技术。

（2）商业模式：能源托管模式。

（3）适用场景及效果。该服务方案适用于具有集中大规模供冷和供热需求、无电动汽车充电需求、有能源监测和环境控制等需求的城市综合体。同时，太阳能资源不丰富或不具有足够的无遮挡空间、具有配置热泵的资源环境要求和空间条件。该方案可有效利用环境热源，减少化石能源和市电的消耗，降低二氧化碳和污染物排放，具有较好的环保性。应用热泵技术提高了综合能源利用效率，具有较好的节能效果。采用蓄冷式中央空调和蓄热式电锅炉，用户可以充分利用峰谷电差价，具有很高的经济性。

3.2.2 在运城市综合体

在运城市综合多采用改造的方式，并且综合能源系统的改造受到已有建筑空间和已有供能方式的限制。推荐如下服务方案：

1. 服务方案一

（1）技术方案。

1）综合能效服务：照明改造技术 + 空调节能改造 + 客户能效管理。

2）供冷供热供电多能服务：蓄热式电锅炉 + 蓄冷式空调技术。

3）分布式清洁能源服务：分布式光伏发电 + 光伏幕墙。

4）专属电动汽车：充电站建设服务 + 充电设施运维服务。

（2）商业模式：合同能源管理（EMC）。

（3）适用场景及效果。该服务方案适用于具有集中大规模供冷和供热需求、有电动汽车充电需求、有能效提升需求、有能源监测和环境控制等需求、对部分室内光线无高要求的城市综合体。同时，太阳能资源丰富并具有足够的无遮挡空间、具有配置热泵的资源环境要求和空间条件。该方案可大面积有效利用太阳能资源以及环境热源，减少化石能源和市电的消耗，降低二氧化碳和污染物排放，具有较好的环保性。应用热泵技术、更换高效绿色照明设备以及改造和优化空调系统，提高了综合能源利用效率，可实现较好的节能效果。采用蓄冷式中央空调和蓄热式电锅炉，用户可以充分利用峰谷电差价，具有很高的经济性。提供充电站建设以及充电运维服务，可满足用户的电动汽车充电需求。

2. 服务方案二

（1）技术方案。

1）综合能效服务：客户能效管理。

2）供冷供热供电多能服务：水源、地源、空气源热泵技术 + 蓄热式电锅炉 + 蓄冷式空调技术。

3）分布式清洁能源服务：分布式光伏发电 + 光伏幕墙。

4）专属电动汽车：充电站建设服务 + 充电设施运维服务。

（2）商业模式：合同能源管理（EMC）。

（3）适用场景及效果。该服务方案适用于具有集中大规模供冷和供热需求、有电动汽车充电需求、有能源监测和环境控制等需求、对部分室内光线无高要求的城市综合体。同时，太阳能资源丰富并具有足够的无遮挡空间、具有配置热泵的资源环境要求和空间条件。该方案可大面积有效利用太阳能资源以及环境热源，减少化石能源和市电的消耗，降低二氧化碳和污染物排放，具有较好的环保性。应用热泵技术提高了综合能源利用效率，具有较好的节能效果。采用蓄冷式中央空调和蓄热式电锅炉，用户可以充分利用峰谷电差价，具有很高的经济性。提供充电站建设以及充电运维服务，可满足用户的电动汽车充电需求。

3. 服务方案三

（1）技术方案。

1）供冷供热供电多能服务：水源、地源、空气源热泵技术 + 蓄热式电锅炉 + 蓄冷式空调技术。

2）分布式清洁能源服务：分布式光伏发电。

3）专属电动汽车：充电站建设服务 + 充电设施运维服务。

（2）商业模式：合同能源管理（EMC）。

（3）适用场景及效果。该服务方案适用于具有集中大规模供冷和供热需求、有电动汽车充电需求的城市综合体。同时，太阳能资源丰富并具有足够的无遮挡空间、具有配置热泵的资源环境要求和空间条件。该方案可有效利用太阳能资源以及环境热源，减少化石能源和市电的消耗，降低二氧化碳和污染物排放，具有较好的环保性。应用热泵技术提高了综合能源利用效率，具有较好的节能效果。采用蓄冷式中央空调和蓄热式电锅炉，用户可以充分利用峰谷电差价，具有很高的经济性。提供充电站建设以及充电运维服务，可满足用户的电动汽车充电需求。

4. 服务方案四

（1）技术方案。

1）综合能效服务：照明改造技术 + 空调节能改造。

2）供冷供热供电多能服务：碳晶电采暖技术。

3）分布式清洁能源服务：分布式光伏发电。

（2）商业模式：合同能源管理（EMC）。

（3）适用场景及效果。该服务方案适用于具有一定供热需求、无电动汽车使用和充电需求、有能效提升需求的城市综合体。同时，太阳能资源丰富并具有足够的无遮挡空间、不具有配置热泵的资源环境要求和空间条件。该方案可有效利用太阳能资源，减少化石能源和市电的消耗，降低二氧化碳和污染物排放，具有一定的环保性。应用电热转换效率较高的碳晶电采暖技术，提高了用户用能体验和舒适度，进一步更换高效绿色照明设备以及改造和优化空调系统，提高了综合能源利用效率，可实现较好的节能效果。

5. 服务方案五

（1）技术方案。

1）供冷供热供电多能服务：水源、地源、空气源热泵激素 + 蓄热式电锅炉技术 + 蓄冷式空调技术。

2）分布式清洁能源服务：分布式光伏发电。

（2）商业模式：合同能源管理（EMC）。

（3）适用场景及效果。该服务方案适用于具有集中大规模供冷和供热需求、无电动汽车使用和充电需求的城市综合体。同时，太阳能资源丰富并具有足够的无遮挡空间、具有配置热泵的资源环境要求和空间条件。该方案可有效利用太阳能资源以及环境热源，减少化石能源和市电的消耗，降低二氧化碳和污染物排放，具有较好的环保性。应用热泵技术提高了综合能源利用效率，具有较好的节能效果。采用蓄冷式中央空调和蓄热式电锅炉，用户可以充分利用峰谷电差价，具有很高的经济性。

3.3 案例

3.3.1 天津某商业大厦数据中心余热利用供能项目

1. 项目概况

天津某商业大厦数据中心位于天津市武清区，建筑体如图 3-1 所示，建筑面积 103450m^2，其供冷、供热的能源站位于地下室。能源站建筑面积约 585m^2，配套的变配电间面积约 182m^2，控制室面积约 15m^2。

图 3-1 商业大厦外观图

2. 项目技术方案

改造前商业大厦情况如下：

（1）电力资源：现有最大电负荷约为2500kW。科技园已为能源站预留两台容量为2000kVA的变压器建设空间，可满足用电需求。

（2）热力资源：规划区域附近民营供热站现有两台14MW和两台29MW燃煤锅炉，总供热能力为86MW。未完成煤改燃，远期计划拆除。

（3）数据中心余热资源：大厦分布有5个大型数据中心，数据中心全天24h都在源源不断地产生热量，收集数据中心的余热进行供暖，可降低数据中心能耗，减少传统化石能源的消耗，改善大气环境，实现多方共赢。

（4）大厦原设计采用深层地热+空气源热泵+电制冷机组的系统形式。系统供冷参数为6℃/13℃，供热参数为50℃/38℃。本项目用电执行一般工商业电价，见表3-1。

表3-1 电力价格

分类	电压等级	到户价（元/kWh）		
		峰	平	谷
一般工商业	1~10kV	0.9950	0.7095	0.4400
	35~10kV	0.9331	0.6551	0.3911

注 高峰时段时间，08：00~11：00、18：00~23：00；平段时段时间，07：00~08：00、11：00~18：00；低谷时段时间，23：00~07：00。

改造后方案必须满足以下必须条件：

（1）由于能源站不具备燃气泄爆条件，因此不能采用燃气制冷、热方案；

（2）为避免电力扩容，方案的配电容量不得超过原方案配电容量（两台容量为2000kVA的变压器）；

（3）方案所需机房面积不得超过原能源站机房与变配电间面积总和；

（4）方案供冷、供热参数必须满足原设计参数，与现空调末端设计相适应。

大厦能源系统改造思路和方案如下：

由于电力具有安全可靠、清洁高效以及价格稳定等优势，考虑以电为中心满足区域冷、热等综合能源需求。

（1）采用数据中心余热供热，辅以空气源热泵、电制冷机组作为补充冷、热源的能源方案。该方案的供冷、供热参数与目前已完成施工图的空调末端相适应，供冷参数为6℃/13℃，供热参数为50℃/38℃。该系统供热及供冷原理如图3–2和图3–3所示。

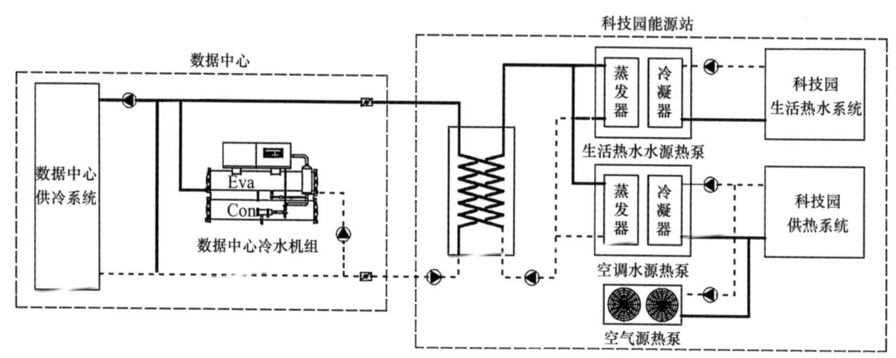

图3–2　大厦供热系统原理图

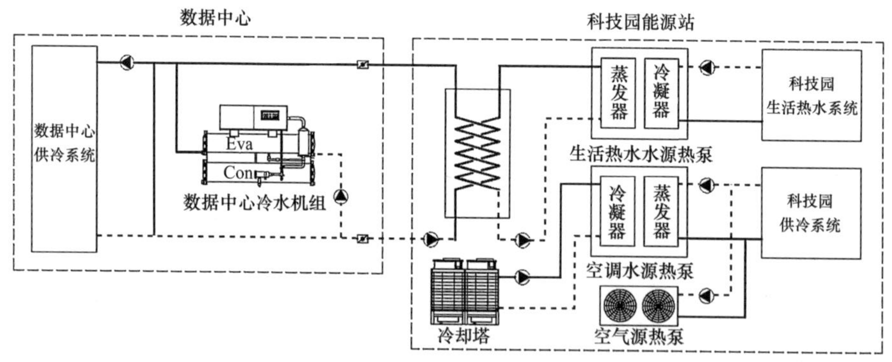

图3–3　大厦供冷系统原理图

主要供能设备的参数见表3–2。

表3–2　主要设备表

序号	主要设备	参数	数量	备注
1	螺杆式热泵机组	冷量：1330kW；COP：4.75；蒸发器进/出水温度：13℃/6℃；冷凝器进/出水温度：32℃/37℃	4	
		热量：1545kW；COP：4.23；蒸发器进/出水温度：13℃/6℃；冷凝器进/出水温度：38℃/50℃		

续表

序号	主要设备	参数	数量	备注
2	离心式电制冷机组	冷量：3570kW；COP：5.45；蒸发器进 / 出水温度：13℃ /6℃；冷凝器进 / 出水温度：32℃ /37℃	1	
3	空气源热泵	制冷量：128kW；COP：3.44；空调出水温度：6℃	12	
		制热量：104kW；COP：2.82；空调出水温度：50℃		
4	数据中心换热器	换热量：2900（2500）kW，一次侧：15℃ /8℃；二次侧：6℃ /13℃	2	

（2）管网设计。

1）管网管材、管道附件、管道防腐保温。管网工作压力小于 1.6MPa，热水管网设备附件均采用耐压 1.6MPa，耐温 95℃的产品。管道公称直径大于 DN250mm，采用螺旋缝电焊钢管，材质为 Q235B 钢。管道公称直径不大于 DN200，采用无缝钢管，材质为 20 号钢。

阀门：为防止泄露，大口径管道的关断阀门均采用电动闸阀，当阀门大于 DN500 时，为开启方便，均设有旁通球阀，直埋管网上的阀门与管道连接均采用焊接连接。热力站内的阀门均采用法兰连接。管网上的放水阀门采用柱塞阀或截止阀，管网上的放气阀门采用球阀或截止阀。

管网补偿器：尽量利用地形及道路的变化，采用自然补偿，推广采用无补偿及一次性补偿器预热安装，个别地段可采用波纹管补偿器补偿。

管件：管道的弯头、三通、变径管均采用标准成品件，弯头弯曲半径 R=1.5D，无补偿冷安装时，弯头弯曲半径 $R \geqslant 2.5D$。

预制直埋保温管外套管接口：$D_e > 400$mm 的预制保温管外套管接头采用焊接式。$D_e \leqslant 350$mm 的预制保温管外套管接头可采用收缩套管式。

管道的防腐及保温：管道直埋敷设采用预制直埋保温管，保温材料为聚氨酯泡沫塑料，外护高密度聚乙烯套管。

2）敷设方式：余热水管道全部采用直埋敷设。

3）管网水力计算及调节方式。水力计算以远期负荷为依据，综合冷、热源的最大供热能力，进行管径选择，计算中选用的数据如下：管网余热水供、回水温度为为 15℃ /8℃；管内绝对粗糙度为 0.5mm；管线绝对阻力系数，干线为 0.2，支线为 0.4；管线流速：主干线控制在 3m/s 以下；调节方式：余热水管网采用量调节并辅以分阶段的质调节。

4）管网自控系统。应用泛在电力物联网技术，采用最先进的传感器、阀门等感知控制设备，配置智慧能源管理系统，实现冷热供应主机、水循环系统、末端等用能优化，最大限度提升系统运行效率和运行可靠性，降低人力成本。

自控系统的基本要求：能通过简单的操作指令，保证系统可靠有效运行，系统维护简单方便；系统的基本功能应能进行手动操作；在意外断电条件下系统和设备应无损伤；随着管网的建设和发展，系统应易于扩展和升级。

管网自控方式：对集中能源站至单体建筑换热器之间的一级管网实行自动控制，主要功能是控制管网的供水流量和供水温度，保证集中能源站供能的有效利用。一级管网自控系统设在能源站内，冬季通过管网最不利点用户压差测定值，控制管网流量，此控制器保证管网最不利点用户有足够压差满足正常运行，同时也使所有用户有足够的工作压差。夏季根据能源站供回水温差控制管网流量，保证用户有足够的驱动热量。控制器的特点是控制变化快，具有全自动控制运行或手动调节两种选择。一级管网需有压力控制和补水控制，补水定压系统通常采用简单独立的自控系统，系统通信采用单模光纤方式。

3. 项目商业模式

参照天津市可再生能源站特许经营方式，由国网（天津）综合能源服务公司、国网天津电力与园区管委会成立项目公司，负责投资、建设、运营能源站，为园区企业开展冷、热、电综合能源供应服务，投资费用见表 3–3~ 表 3–5。项目公司负责建设能源站、冷热管网，管网建设到用户红线处收取冷热费用以及光伏发电所抵消的用户电费。

表 3-3　　一类费投资计算

序号	项目名称	单位	容量	造价（万元）
1	水源热泵机组	kW	7580	492.7
2	电制冷机组	kW	3570	178.5
3	空气源热泵	kW	1536	184.3
4	板式换热器（常规）	m^2	725	72.5
5	附属设备费（站房）	kW	12686	317.2

续表

序号	项目名称	单位	容量	造价（万元）
6	电力设备费	kVA	4000	600.0
7	自控系统投资及安装费	kW	2550	63.8
8	系统安装费	kW	12686	126.9
9	室外管网	m^2	10000	93.0
10	能源站土建及机电投资	m^2	715	0.0
	一类费用			2128.8

表 3-4 二类费投资计算

序号	项目名称	造价（万元）	备注
1	前期工作费（可研及项目建议书编制、评估费）	27.0	
2	建设单位管理费	28.5	财建〔2002〕394 号
3	工程建设监理费	56.6	发改价格〔2007〕670 号
4	联合试运转费	18.5	设备费 1%
5	电力增容费	0.0	1000 元 /kVA
6	设计费	75.5	发改价格〔2002〕10 号
7	施工图预算编制费	7.5	设计费 10%
8	竣工图编制费	6.0	设计费 8%
9	施工图设计文件审查费	6.0	设计费 8%
10	引进技术和进口设备其他费	31	引进设备额 4%，引进设备按 50%
11	施工准备费	10.6	类费 0.5%
12	招标代理费	7.0	计价格〔2002〕1980 号
13	环境影响评估费（含编报告及评审）	9.5	计价格〔2002〕125 号
14	节能评估费	4.2	
15	工程保险费	10.6	一类费 0.5%
	其他费用	298	

表 3-5 投资总费用统计

序号	项目名称	造价（万元）
1	一类费用	2129
2	二类费用	298
3	预备费	194

续表

序号	项目名称	造价（万元）
4	流动资金	50
5	合计初投资	2671
6	建筑面积（万 m^2）	10.35
7	初投资指标（元 /m^2）	258.2

4. 项目效果分析

（1）改造后系统运行情况。

图 3–4 以典型日为例，显示了全天 24h 各主要系统设备逐时运行功率。各小时的系统运行功率乘以当前小时的电价得到全年各小时系统运行电费。全年 8760h 的逐时电费叠加得到全年系统总运行能源费（电费），能源站运行费用情况见表 3–6。

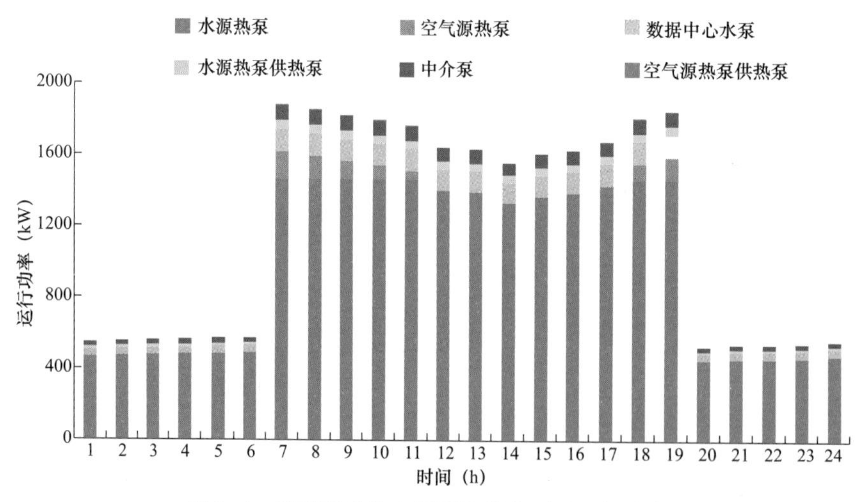

图 3–4　典型日供热主要系统设备逐时运行功率

表 3–6　能源站运行能源费用统计

项目名称	能源费用（万元）
空调制冷电费	189.8
空调制热电费	160.1
生活热水电费	169.2
合计	519.1

（2）改造效益分析。

天津市单位建筑面积供冷供热成本比较，供冷收费应高于供热（目前尚无供冷收费标准）。本项目采用数据中心余热供热，运行费用低于传统供热方式，综合系统投资建设和后期供冷、供热服务的设备运营成本，考虑合理的项目运营收益，供冷供热收费价格为每年 65 元 /m^2（建筑面积），生活热水收费价格为每年 22.3 元 /m^2（建筑面积）。

按面积收取冷热费用不能有效提升用户主观的节能意愿，需要加装 CPS 等能源监控系统，减少末端的能源浪费。但是可规避冷热负荷不稳定造成的风险，锁定项目收益，保证项目的经营经济效益。在后期项目运营成熟，入住率超过 80% 以后，在保证负荷率的前提下，可考虑改为计量收费模式，进一步提升项目的能效水平和经济效益。

按照上述价格计算，建筑面积 103450m^2，每年供冷供热费用为 672.4 万元。使用热水的面积（酒店 + 办公）为 89500m^2，全年生活用水费用为 199.6 万元。

依据以上信息测算供冷供热收费见表 3–7。

表 3–7 收费金额汇总表

建筑类型	供冷供热收费 [元 /（m^2·a）]	生活热水收费 [元 /（m^2·a）]	合计（万元 /a）
大厦	65	22.3	
总计（万元）	672.4	199.6	872

考虑收取 125 元 /m^2 的供热配套费，建设期首年一次性收取。经计算盈利能力见表 3–8。

表 3–8 盈利能力数据表

序号	指标名称	单位	项目投资	
			所得税前	所得税后
1	财务内部收益率		16.75%	9.69%
2	财务净现值（i_c=8%）	万元	474.6	113.5
3	投资回收期（含建设期）	年	4.74	6.76

经测算，项目利润总额 1647 万元，项目净利润总额为 1235 万元。税后财务净现值（i=8%）为 113.5 万元，大于 0；税后财务内部收益率为 9.69%，大于基准收益率 8%，项目可行。

5. 项目经验总结

在规划区域当地资源及能源背景下，经多因素评价，能源站采用数据中心余热供热辅以空气源热泵、电制冷机组，作为调峰冷热源的能源方案是可靠和经济的。

（1）技术可行性。能源站系统的供冷参数为 6℃ /13℃，供热参数为 50℃ /38℃，与原设计相符。现预留变压器容量为 4000kVA，也满足此方案用电需求。

（2）项目经济性。项目利润总额 1647 万元，项目净利润总额为 1235 万元。税后财务净现值（i=8%）为 113.5 万元，大于 0；税后财务内部收益率为 9.69%，大于基准收益率 8%，项目经济学较好。税后投资回收期为 6.76 年，满足投资回收期指标要求。

（3）数据中心经济收益。本项目从数据中心冷冻水回水取热，利用热泵为项目供热，可以为数据中心节省大量制冷能源消耗。据计算，数据中心余热利用后每年可节省制冷电费约 60 万元，数据中心能效大幅提升。因此本项目的实施可实现项目与数据中心的双赢。

3.3.2 天津某商业大厦电蓄热供暖项目

1. 项目概况

天津某商业大厦位于和平区，项目结构主体已完工，具体概况信息见表 3-9。

表 3-9　技术经济指标表

项目		单位	数量
基地面积		m^2	9973.5
总建筑面积		m^2	95998.55
其中	地上建筑面积	m^2	64827.55
	地下建筑面积（共四层）	m^2	31171
容积率			6.5%
建筑密度			40.9%

续表

项目	单位	数量
绿地率（不含城市绿化带）		11.89%
机动车停车位（机械车位 96 辆）	辆	502
非机动车停泊位（地上 1051 辆，地下 299 辆）	辆	1350

2. 项目技术方案

（1）资源利用潜力分析。

1）市政电力：本项目内设置了 35kVA 变电站，变电站设置在地下三层，总装机容量满足项目使用。

2）市政燃气。根据《天津市燃气规划（2008—2020）》未来天津可利用的气源将由四大气源板块构成，分别是周边油田板块、陕京线板块、永唐秦板块、LNG 板块。当下有陕北气、渤西气、大港气、华北气等四个气源向天津供气，燃气供应有保障，但由于项目地处和平区，环保要求严格无法办理污染物排放指标，因此不再考虑燃气供热方案。

3）原生污水。根据天津市排水管网图本项目附近没有大型污水管网及排水泵站，因此不具备污水利用条件。

4）浅层地能。根据《天津市潜层地热资源评估报告》中关于天津地区浅层地下水地源热泵与地埋管地源热泵的适宜性区域划分的内容，该区域适宜采用埋管地源热泵型浅层地能开采方式，不适合采用地下水型开采方式，土壤排热能力为 65W/m，取热能力为 35W/m。由于本项目非地下室空间极小，因此不具备采用地源热泵的条件。

（2）可利用空间情况。

关键供能设备的位置和可利用空间见表 3-10，部分位置的详细空间情况如图 3-5~ 图 3-7 所示。

表 3-10 功能房间所处位置及面积情况

名称	位置	可用地尺寸或面积
电锅炉间	地下 2 层	127 m^2
10kV 变电站	地下 1 层	130 m^2

续表

名称	位置	可用地尺寸或面积
换热站	地下 3 层	193 m^2
蓄能水箱	室外地埋	20m × 2.75m
		33.3m × 2.69m

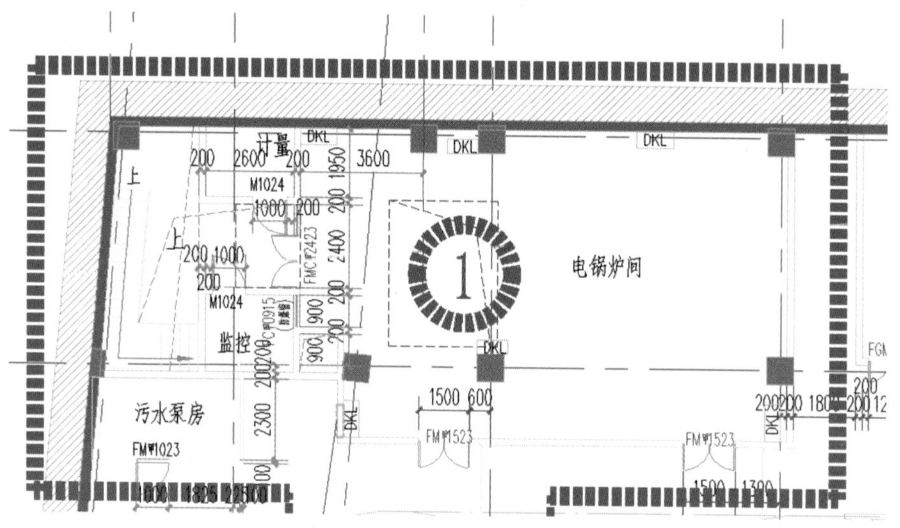

图 3-5　电锅炉间空间分布图

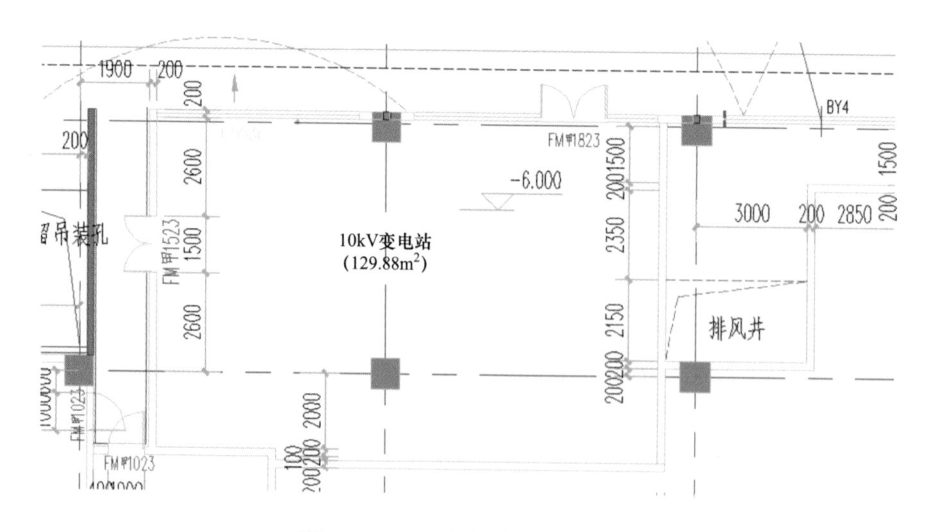

图 3-6　10kV 变电站空间分布图

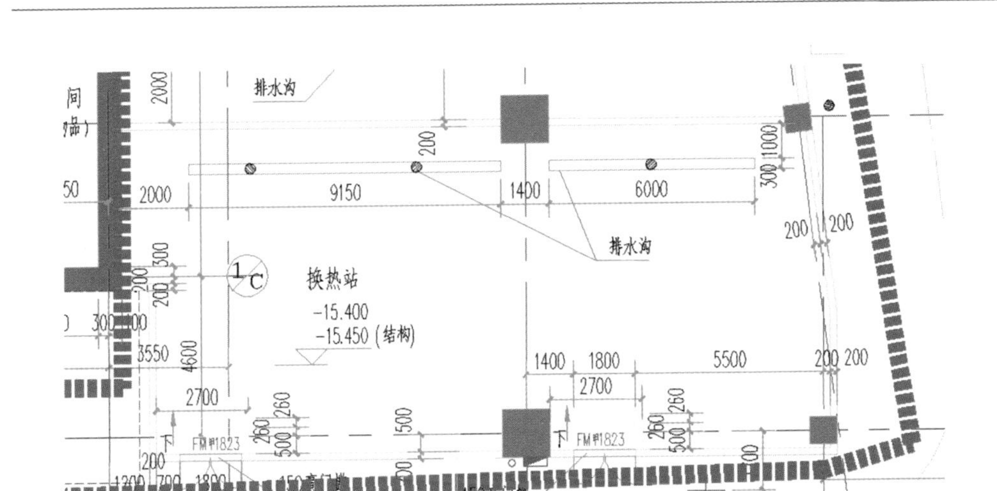

图 3-7 换热站空间分布图

（3）技术方案选取。

基于资源条件及项目的具体情况，本项目采用的技术方案为：电极式锅炉+水蓄能技术的供热方案。构造具体方案如下：

方案一，满蓄方案，即夜间谷电电锅炉向水箱蓄热，平电及峰电时段水箱释热供暖，平电及峰电时段不开启电锅炉；

方案二，部分蓄热方案，即夜间谷电电锅炉向水箱蓄热，峰电时段水箱释热供能，平电时段水箱释热不足以满足建筑供暖需求时开启电锅炉供暖。

两方案的主要设备配置及经济性分析对比见表 3-11。

表 3-11 两方案技术经济对比表

指标	满蓄方案	部分蓄能方案
电锅炉设计容量（kW）	10250	6000
蓄热水箱有效容积（m^3）	1765	870
估算蓄水箱有效水深（m）	12.2	6
初投资（万元）	2964	2000
运行能源费（万元/年）	257	297
20 年寿命周期成本（万元）	405	378

本项目采用：电极式锅炉 + 水蓄能技术的供热方案，蓄能形式为部分蓄热，系统可实现电锅炉直供、蓄热、水箱释热、电锅炉及水箱释能联合供热。电热锅炉容量为6000kW，水蓄热容量为14.5万MJ。蓄热及释热的供回水温度90℃/40℃，电锅炉直供温度90/40℃。电锅炉安装于-2F锅炉房内，换热机组等安装于-3层换热站。蓄热水池位于建筑庭院内地埋，南侧、北侧各一处，有效容积总计870m³。

（4）主要设备材料见表3-12。

表3-12 主要设备材料表

设备编号	设备名称	性能参数	备注
1	电极式锅炉	供热量3000kW，出水温度90℃，热效率≥98%	2台
2	蓄热水箱1	有效容积330m³	
3	蓄热水箱2	有效容积540m³	
4	直供水泵	流量57m³/h，扬程18 m，功率3 kW	2用1备
5	蓄热水泵	流量57m³/h，扬程15 m，功率3 kW	2用1备
6	释热水泵	流量29m³/h，扬程15 m，功率3kW	2用1备
7	低区板换机组	单台板换热量3770kW，两台；一次侧温度90℃/40℃，二次侧温度45℃/35℃。水泵两用一备，单台流量274 m³/h，扬程25m，功率30kW	1套
8	高区板换机组1	单台板换热量1820kW，两台；一次侧温度90℃/40℃，二次侧温度45℃/35℃。单台流量132m³/h，扬程25 m，功率15kW	1套
9	高区板换机组2	单台板换热量1820kW，两台；一次侧温度45℃/35℃，二次侧温度43℃/33℃。单台流量132m³/h，扬程25 m，功率15kW	1套
其他	定压补水装置及补水箱	3kW/套	4套

3.项目商业模式及实施流程

用户支付160元/m²的配套费，运营后，每年支付供暖费40元/m²，投资运营方负责系统建设、设备运维和运行费用支出。投资估算情况见表3-13~表3-16。

表 3-13 直接费用表

序号	项目名称	单位	容量	单价	总价（万元）
1	电极式电热锅炉	MW	6.00	0.3 元 /W	180.00
2	蓄热水箱	m^3	870.00	6000 元 /m^3	522.00
3	换热站设备	m^2	815.4	1000 元 /m^2	81.54
4	附属设备费	MW	6.50	0.15 元 /W	97.50
5	电力设备费	kVA	7647.06	1000 元 /kVA	764.71
6	系统安装费	MW	6.50	0.15 元 /W	97.50
7	自控系统投资及安装费	kW	6500	120 元 /kW	78.00
总计					1821.25

表 3-14 其他费用表

序号	项目名称	造价（万元）	备注
1	工程建设监理费	50.00	
2	设计费	60.00	
3	施工图设计文件审查费	10.00	
4	招标代理费	10.00	计价格〔2002〕1980 号
5	建设工程交易服务费	5.00	津价房地〔2008〕259 号
总计		135.00	

表 3-15 总投资表

序号	项目名称	合价（万元）
1	直接费用	1821.25
2	其他费用	135.00
3	预备费	43.75
4	投资估算总计	2000.00

表 3-16 配套费情况表

楼层	建筑面积（m^2）	层高（m）	超高系数	供热配套费收费（万元）	配套费单价（元 / m^2）
B4	7765	3.8	1.09	67.44	160.00
B3	7765	3.8	1.09	67.44	160.00

续表

楼层	建筑面积（m^2）	层高（m）	超高系数	供热配套费收费（万元）	配套费单价（元/m^2）
B2	7765	5.2	1.49	92.30	160.00
B1	7765	5.85	1.67	103.83	160.00
1F	4500	6.5	1.86	133.71	160.00
2F	4600	5.5	1.57	115.66	160.00
3F	3750	5.5	1.57	94.29	160.00
4F	3750	5.5	1.57	94.29	160.00
5F~29F	47592	4.25	1.21	924.64	160.00
屋顶层	400	2.8	1.00	6.40	160.00
总计	95652		1.41	1700.00	

4. 项目效果分析

经过一年的运行，项目年运营成本为 282 万元，成本构成见表 3-17。

表 3-17　运营成本构成表

序号	科目	费用（万元/年）
1	电费	237
2	水费	5
3	维护费	15
4	工资及福利	20
5	管理费	5
	总计	282

供热服务单价为 40 元/m^2，总收费面积为 8.6 万 m^2，应收运营收入 344 万元/年。财务测算结果及分析见表 3-18、表 3-19。

表 3-18　项目测算边界条件汇总表

序号	项目	边界条件
1	项目总投资	2000 万元
2	经营成本	282 万元

续表

序号	项目	边界条件
3	运营收入	344 万元
4	建设期	1 年
5	运营期	29 年

表 3-19　　项目测算边界条件汇总表

科目	测算结果
资本金内部收益率	5.29%
投资回收期	16 年

5. 项目经验总结

随着北方清洁供暖的快速推进，市政集中供热热源严重不足。选取部分运营经济性高的公共建筑采用电蓄热或热泵等清洁电采暖技术，既补充了市政集中供热热源，又降低了用户的采暖成本，具备广泛的推广价值。

3.3.3 天津某管委会办公大楼综合能源示范工程

1. 项目概况

天津某商务中心绿色办公大楼综合能源示范工程，致力于打造生态型、环保型、节能型智能绿色楼宇，提高能源供需协调能力，推动能源清洁生产和就地消纳，减少弃风、弃光，促进可再生能源消纳，对建设清洁低碳、安全高效现代化能源体系具有重要的现实意义和深远的战略意义。该办公大楼总用地面积 58005m^2，建筑面积 46000m^2，由主楼和裙房两部分组成，主楼为地上 8 层（建筑高度 41.1m），裙房为地上 2 层（建筑高度为 13.2m）、地下 1 层（建筑高度为 6m）。

2. 项目技术方案

该综合能源示范工程于 2016 年 11 月动工，2017 年 5 月投入运行，运行良好，示范作用显著。该示范工程能源系统如图 3-8 所示，主要建设分 6 部分：利用商务中心屋顶、车棚建设总容量为 286.2kW 的光伏发电系统；利用湖岸建设 7 台 5kW 风力发电系统；利用一套容量为 50Ah 的磷酸铁锂电池储能单元，打造风光储一体化系统；利用 3 台地源热泵机组建设供冷供热系统；在大楼两侧构建电动汽车充电桩系统，并同步开展“津 e 行”电动汽车分时租赁业务；在以上五大系统的基础上，并搭建综合能源智慧管控平台。它能够统筹商务中心能源生产、储存、配置及利用四个环节的能源监测、控制、调度和分析功能，同时提供发电、供热、制冷、热水等多种服务，促进清洁能源即插即用、友好接入，实现多种能源互联互补、协同调控、优化运行，保障商务中心能源绿色高效利用。

图 3-8　办公大楼综合能源系统示意图

（1）光伏发电系统。

利用商务中心屋顶、车棚建设总容量为 286.2kW 的光伏发电系统，现场情况如图 3-9 所示，预计光伏发电系统运营期内平均年发电量为 27.5 万 kWh、光伏发电系统运营期内平均年发电量为 7.2 万 kWh；发电模式为“自发自用、余电上网”。可满足商务中心照明、办公等基本用电需求，为实现区域能源多样性及高效利用提供了保障。

（2）风力发电系统。

利用湖岸 7 台 5kW 风力发电机组建设风力发电系统，现场情况如图 3-10 所示，实现发电利用最优，安全性能好，运营期内总发电量约为 144 万 kWh，年平均发电 7.2 万 kWh。

图 3-9 光伏发电系统现场图

图 3-10 风力发电系统现场图

（3）地源热泵机组供冷供热系统。

现场原有一套地源热泵系统，如图 3-11 所示，包含三台机组及三台冷冻泵和三台冷却泵，地源热泵监控系统提供地源热泵系统运行状况总览各机组的实时运行数据和机组状态等，并可根据主水管供、回水温度、机组负荷情况、供回水温度设定值进行综合判定，自动调节机组运行台数及负荷量，达到节能减排的目的。

地源热泵属于水源热泵形式，改造后共安装 3 台单杆式地源热泵机组，单台设备功率 328kW，开挖地热井 564 口，井深 150m，能效比约 4。冬季采暖抽取恒温地下水，经二次加热后为办公楼供热。该地区地下水温度约 12℃，经地源热泵机组二次加热到 46℃，回水温度约 45~44℃。夏季制冷将环境中热量提取后注入地下，利用恒温地下水作为介质，其中地下出水温度约 12℃，经冷热交换后回水温度 13~14℃。

图 3-11　地源热泵系统现场图

（4）储能单元。

利用一套容量为 50Ah 的磷酸铁锂电池储能单元，实际安装情况如图 3-12 所示，打造风光储一体化系统，可以通过平台的有功功率给定按钮，设置蓄电池的充放电功率。

图 3-12　储能系统现场图

（5）电动汽车充电桩系统。

大楼两侧构建电动汽车充电桩系统，并同步开展“津 e 行”电动汽车分时租赁业务，充电桩现场图如图 3–13 所示。

图 3–13　电动汽车充电桩系统

（6）综合能源智慧管控平台。

在上述五大系统的基础上，搭建综合能源智慧管控平台，平台界面如图 3–14 所示，统筹商务中心大楼能源全生命周期监测、控制、调度、分析，实现源—网—荷—储的协调运行、能源流—信息流—价值流的合并统一，实现多种能源互联互补、协同调控、优化运行，保障商务中心能源绿色高效利用。

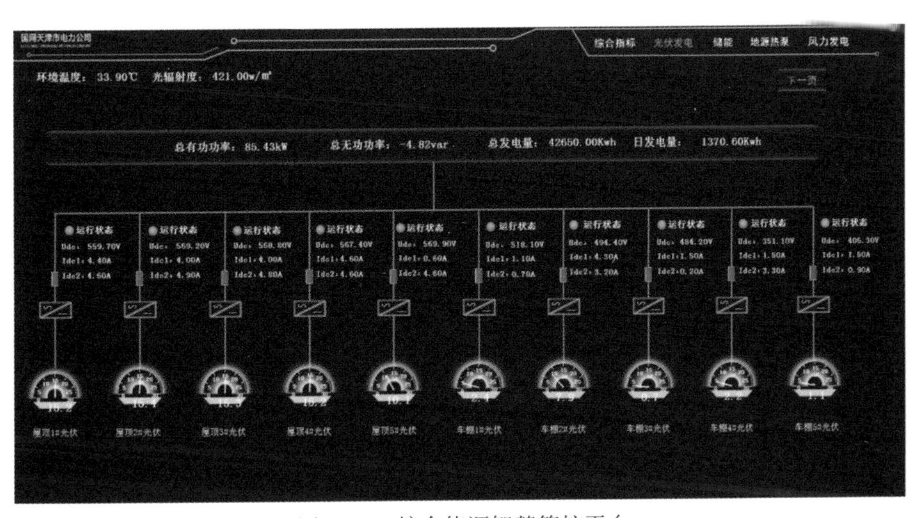

图 3–14　综合能源智慧管控平台

3. 项目商业模式及实施流程

项目总投资约 1000 万元，由开发区投资，国网产业集团总承包，国网天津市电力公司属地供电公司及国网（天津）综合能源服务有限公司负责工程协调并做技术指导，工程竣工后协助开发区完成工程验收，并由国网（天津）综合能源服务有限公司进行能源系统运维，扣除天津市政府 240 多万元的项目补贴，预计不到 7 年能收回全部投资成本，好于预期，最终实现开发区、国网产业集团及国网天津公司的合作共赢。

4. 项目效果分析

该项目实现了多种能源互联互补、管控平台优化调控，能效比达到 2.38，综合能源利用效率提升 19%，新能源自发自用、储能系统、地源热泵以及综合能源管控平台的智能控制成效明显。根据实际测算来看，可再生能源发电装机容量占比为 40%（其中地热能占 36%、太阳能 4%、风能 0.5%）、市电 60%。单从用电量角度看，截至 2019 年 4 月中旬，该系统中总的用电量为 708.28 万 kWh，其中使用新能源发电 44.81 万 kWh，剩下的全部来自市电，新能源电量占比已达 6.3%。该项目正式投入运行后，太阳能、风能年发电量可达 27.5 万 kWh，每年可减少温室气体 CO_2 排放量约 408.09t。多能优化高效利用使商务中心能源利用效率提升 20% 左右，年收益 96.58 万元，投资回报率达 10.14%。

（1）光伏发电系统。自 2017 年 5 月 8 日投运，截至 2019 年 4 月中旬，光伏总发电量 473600kWh，其中上网电量 25500kWh、自发自用电量 448100kWh，总节约费用约 45 万元。

（2）风力发电系统。自 2017 年 9 月 30 日正式投运，截至 2019 年 4 月中旬，发电量约 18600kWh，节能费用约 8.2 万元。

（3）储能系统。2017 年 5 月 8 日投运，截至 2019 年 4 月中旬，节能费用约 2.1 万元。

（4）地源热泵供热（冷）系统。自 2017 年 5 月 8 日投运，截至 2019 年 4 月中旬，地源热泵利用地热能为商务中心供冷供热，较传统的供冷、供热运行费用，节约运行费用约 74 万元。

（5）综合能源智慧管控平台，自投运以来通过系统整体多能互补、优化调控，节约用能成本 22 万元。综上，该示范工程自 2017 年 5 月 8 日投运，截至2019年4月中旬，节能量为226.78万kWh，节能费用为151.12万元，减少CO_2排放量2261t。

5. 项目经验总结

结合天津各示范区融入京津冀协同发展国家战略的机遇期，天津市政府将持续加强对自主创新区的各项支持。该示范区到2020年将形成颇具全球影响力的高端人才汇聚高地、高端企业创新平台、宜居宜业理想空间。对于城市能源网而言，未来客户将对高效、可靠的综合能源互联网规划技术、能源供应能力提出更高的要求。示范区对综合能源服务管理模式高度认可，将此作为招商引资的优势向客户推介，更将综合能源利用作为企业落户的要求之一。这对综合能源服务的推广非常有利。

本项目的成果兼顾客户高效可靠的要求和社会低碳环保的要求，对示范区建设方、运营方和电网公司而言，都有广泛的应用价值。

3.3.4　天津某大厦水源热泵系统项目

1. 项目概况

天津某大厦的建筑面积96000m^2，包括五星级写字楼和酒店，用电为一般工商业用电，电价为0.7603元/（kWh）。项目采用地下浅层水井水源热泵系统为建筑提供冷暖空调服务，并采用全热回收机组提供全年生活热水。

2. 项目技术方案

（1）负荷估算。项目总冷负荷10400kW，总热负荷7680kW。

（2）水源热泵容量配置。由于该项目属于高层建筑，为了空调末端循环水的水力平衡，建筑末端分为高区和低区两个独立的循环，共设置四台水源热泵机组，高区两台，低区两台。

高区采用一台型号为PSRHH9004-Y的水源热泵及一台型号为PSRHH5403-R-Y的全热回收水源热泵，合计制冷量4500 kW，制热量3400 kW。

低区采用两台型号为PSRHH9604-Y的水源热泵，合计制冷量5 900 kW，制热量4280 kW。

打地下浅层井10对20口，其中200m深井5对，5采5回灌；400m深井5对，5采5回灌。

（3）电力配套容量配置。水源热泵及相应附属设备合计最大配电功率为3600 kW。

3. 项目商业模式及实施流程

项目商业模式采用户自主全资模式，置入设备及节能收益全部归用户所有。项目实施流程如下：

（1）由设计院计算项目冷热负荷，根据负荷及末端分区情况对应选择水源热泵机组；

（2）根据机组用水量确定打井数量及打井位置；

（3）由建设单位根据以上情况向水务部门提出打井申请，相关部门接收申请后，进入审批阶段，审批通过之后方可进入施工阶段。

4. 项目效果分析

（1）水源机组初始投资800万元、机房附属设备及安装300万元、室外打井600万元。

（2）年运行费用约25元/m^2。

（3）在经济效益方面，与传统单冷机加城市热网供能方案相比，年节约运行费用约240万元，投资回收期约为7年。

（4）在项目环境效益方面，与传统单冷机加城市热网相比，年节约标煤1278t。减少二氧化碳排放3348t，减少二氧化硫排放1.72t。

5. 项目经验总结

（1）打井是水源热泵系统是否成功的关键，好的成井工艺及良好的日常维护是保证系统稳定运行的重中之重。

（2）每对采灌井都是互为采灌的，夏季与冬季运行时应倒替使用，并应定期洗井，建议每年一次。

3.3.5 天津某大厦蓄冷式中央空调系统项目

1. 项目概况

天津某大厦位于天津市北辰区天辰科技园一期，属于办公类新建建筑。该大厦地上建筑面积78 815 m^2，地上41层；地下建筑面积42 285 m^2，地下3层。总建筑面积共12.11万m^2。该大厦执行一般工商业10 kV电价标准。

2. 项目技术方案

（1）蓄冷空调容量配置方案。采用冰蓄冷中央空调，蓄冰量 11748RTH，采用整装式盘管 12 台。

（2）电力配套容量配置方案。制冷机房总耗电量 2403kW。

（3）运行策略。该大厦的冰蓄冷项目运行方案采用不完全避高峰分量储冰运行模式。

夜间制冰模式（23 ：00 ~ 7 ：00）：制冷机在低谷电时段全力制冰，储冷量达到 14279kWh，制得的热量存储在储热装置中。

白天制冷模式：白天冰蓄冷供冷量不足时，制冷机组直接供冷。有效降低冰蓄冷设计容量，减少投资和占地。

（4）技术方案实施的要求预留冰蓄冷装置空间。

3. 项目商业模式及实施流程

项目商业模式采用户自主全资模式，运营过程中由各租赁业主按实际所用电量缴纳冰蓄冷供冷费用。项目实施流程如下：

（1）进行现场勘查，主要确定蓄冰装置的位置、管路位置、机房位置；

（2）采购设备、施工；

（3）安装自动控制系统，并进行经济运行调试。

4. 项目效果分析

（1）初始投资。

该大厦采用冰蓄冷系统设备投资安装：2250 万元；

制冷主机冷凝器在线清洗系统：50 万元；

冰蓄冷系统机房配电：300 万元；

冰蓄冷系统机房土建投资：400 万元。

初期总投资共计 3 000 万元，折算为 248 元 /m^2。

（2）运行费用。

根据实际采集的运行数据计算得出，全年运行费用为 197.2 万元供冷电费约 16.28 元 /m^2，比常规空调节省 11.97 元 /m^2。

（3）效益分析。

年节约电量：71.181 万 kWh。

全年供冷时间按150天计算，其中设计日负荷15天，75%设计日负荷60天，50%设计日负荷45天，25%设计日负荷30天。

常规空调设计日高峰用电883260kWh，本项目冰蓄冷系统设计日高峰用电171450kWh，转移高峰电=883260（kWh）-171450（kWh）=711810（kWh）。项目转移高峰电能475万kWh。

5. 项目经验总结

冰蓄冷技术在空调负荷集中、峰谷差大、建筑物相对聚集的地区或区域都可推广使用，如大型商业、办公楼宇以及集中供冷园区。采用冰蓄冷系统增加的投资回收期为3年左右，同时符合电力需求侧管理的要求，符合国家政策，可获得电力需求侧专项资金补贴。

3.3.6 上海某大厦燃气三联供结合电蓄冷蓄热项目

1. 项目概况

上海某大厦燃气三联供结合电蓄冷蓄热项目是上海市莘庄工业区联合中国华电集团公司（简称华电集团）共同开展的PPP项目，项目以特许经营的方式为基础，采用DBFO模式，即设计—建造—融资—运营模式，由华电集团成立项目公司——上海华电闵行能源有限公司（简称华电闵行公司），收购莘庄工业区现有供热设备，另选新址新建燃气热电冷三联供设施，在保证安全和稳定的前提下为莘庄工业区不间断地供热、供电、供冷。

2. 技术方案

2013年10月项目一期工程开工，一期工程动态总投资100516万元，静态总投资98157万元，用于建设2套60MW级燃气—蒸汽联合循环机组，特许经营期30年（含建设期两年），项目主要依靠终端用户付费和售电收入来获取收益。

燃气—蒸汽联合循环发电是以燃气为高温工质、蒸汽为低温工质，由燃气轮机的排气作为蒸汽轮机装置循环热源的发电方式，是综合能源利用技术。通过与三联供机组配合，可为园区提供冷、热、电等多种能源，实现能源的梯级利用，提高用能效率。

3. 项目商业模式

本项目采用PPP和DBFO相结合的商业模式。投融资结构如下：本项目所需资金共9.8亿元，其中商业银行贷款6亿元；华电集团利用该项目节能减排优势，清洁发展基金以可行性缺口补贴方式提供了2.8亿元清洁发展委托贷款（低息）；上海市财政为该项目提供2000万元可行性缺口补贴；华电新能源公司为项目公司注入8000万元自有资金。

莘庄工业区供热、供冷特许经营权由项目公司获得，项目相关的生产设施及配套管网的投资、建设与运营工作由项目公司负责，同时政府会收购或补偿原有供热站的资产。项目建成以后，终端用户直接支付用热、用冷费用给项目公司，同时项目公司还可以向电力公司收取购电费。

项目投产后，华电闵行公司为工业区内的用户安全、稳定、不间断地供热、供冷，同时发电并网，项目享有三十年特许经营期，其中包含建设期2年，终端用户付费和售电收入是其主要的收入来源。项目所处的上海泗泾电网一直存在较大的电力缺口，供电紧张，项目投运后可用于满足莘庄工业区范围内的部分符合需求，在一定程度上减轻当地电网供电压力。

根据协议约定，项目建成后华电闵行公司应按照莘庄供热公司届时的蒸汽价格销售给原有用户和西区范围内的用户，在政府有关部门没有出台新的汽价政策前，华电闵行公司暂不上调供汽价格。对于新纳入工业区范围内的蒸汽用户，蒸汽价格不得高于当时政府的指导价，新纳入新区的用户享受下浮5%的优惠。为弥补华电闵行公司从终端用户处收费的不足，政府提供了投资补贴、土地定向招拍挂等一系列扶持政策。

4. 项目效果分析

（1）运用PPP模式操作项目可以将政府当前无力负担的初始投资交由社会资本投资，并使其通过最终用户的长期付费获利，降低政府财政负担。在该项目总投资约9.8亿元人民币，其中项目公司自有资金8000万元，可行性缺口补贴（VGF）包括清洁发展基金委托贷款2.8亿元和上海市财政局补贴2000万元，商业银行贷款6亿元，通过这种多元化的融资模式，地方政府近期投资预算减轻了9.6亿元。

（2）社会资本方负责项目运作将有更大动力降低成本提高自身收益水平，克服政府提供方式下预算体制缺陷导致的成本管理问题，项目全生命周期成本整体上得到降低。由于该项目的发起方式是民间自提，项目前期工作中有华电集团的充分参与，这使得项目的技术性提高、经济可行性加大、前期工作时间缩短、前期费用减少。后续的建设运营阶段，项目公司在保证产出达标的情况下，也会尽可能降低成本以提高收益，这使该项目的全生命周期成本控制在相对较低的水平。

5. 项目经验总结

热、电、冷三联供机组在该项目的成功应用大大提高了能源利用效率。通常，大型燃煤发电厂的发电效率为 30%~40%，而三联供技术通过一次能源的梯级利用可使能源利用效率提高到 80%~90%，且不存在输电损耗。

莘庄工业区大型企业众多，热能需求量巨大。由于地域和历史因素，该地区分散式小锅炉众多，现有供热站效率低、能耗高、污染大，给地区节能减排工作带来巨大压力。在降低碳排放和大气污染物排放方面，燃气热电冷三联供技术有较大优势。据估算，如果燃气热电冷三联供技术在当前建筑实施的比例能够从 4% 提高到 8%，二氧化碳排放量到 2020 年可以下降 30%。

3.3.7 天津某购物中心蓄热电锅炉供暖改造项目

1. 项目概况

某购物中心位于天津市红桥区，建筑面积 8 万 m^2。购物中心 2011 年初期建成开始一直采用市政集中供热，供热面积按 13 万 m^2 计收供暖费，收费标准为 40 元 /m^2。该购物中心每采暖季缴纳供热办供暖费共计 520 万元。购物中心配电容量 7000kVA，夜间 11 ：00 后用电负荷很小。可充分利用商厦低谷富余电力，采用蓄热电锅炉供暖，无须增容。

2. 项目技术方案

（1）电锅炉。

采用 2 台 ×1600kW、2 台 ×1100kW 电锅炉，共计 5400kW，折算为 42W/m^2（按 13 万 m^2 计算），利用低谷富余电力，无须额外增容。采暖季大部分运行工况是两用两备。

（2）蓄热装置。

采用 200 多台高密度高稳定性纳米复合相变材料（无机盐复合材料）储热热库单元，每台热库单元长宽高分别为 1m×1m×1.8m，热库总占地面积 200

多 m^2，体积为 360m^3，放置于大厦地下室。与传统配置水蓄热罐 2000m^3 相比，节省 82% 的空间。相变材料蓄热时，从 50℃蓄热到 80℃左右，使用寿命 20 年。

3. 项目商业模式

项目采用用户自主全资模式。综合能源服务商负责系统设计、设备购置、改造建设，置入资产和节能收益归用户所有。

4. 项目效果分析

（1）建设成本。

项目改造工程总投资约 1400 万元，包含电锅炉、热库等，折算为 107.69 元/m^2（按 13 万 m^2 计算），比公建供热配套 160 元 /m^2 收费标准少 52.31 元 /m^2。

（2）运行成本。

采暖期内包括电锅炉和循环泵在内总用电量为 366.81 万 kWh，其中谷电量为 335.35 万 kWh。按照一般工商业 35kV 电价标准：高峰电价 1.3233 元 / kWh、平段电价 0.8853 元 /kWh、低谷电价 0.4683 元 /kWh（2011 年当时电价）计算，供暖电费为 189.89 万元，折算为 14.61 元 /m^2（按 13 万 m^2 计算）。与改造前市政集中供暖费 520 万元相比，每个采暖季可节省 330.11 万元，节省比例达 63.5%。

5. 项目经验总结

蓄热式电锅炉的建设成本与公建供热配套成本相当，蓄热式电锅炉的经济优势在于利用峰谷电价降低运行成本。在规划蓄热设备容量时，除占地面积因素外，应综合考虑扩容成本与运行收益。

3.3.8 江苏某商业楼宇泛在物联网 CPS 建设项目

1. 项目概况

该商业楼宇是集酒店、购物、娱乐、餐饮于一体的大型综合性商场，总建筑面积约 15 万 m^2，年用电量约 3000 万 kWh，其中中央空调系统年用电量达 900 万 kWh。改造前商场中央空调系统全部通过人工操作，能源浪费情况严重，空调系统智能化改造需求迫切。

2. 项目技术方案

楼宇现有的能源系统主要存在三个方面的问题。一是能耗数据采集不全面，未对设备运行状况和环境因素进行监测，楼宇约 370 个配电柜中，配备分项计量的点不到 10 个，输变配电信息采集覆盖严重不足。二是用能系统管理粗放，空调系统能占总用电量的 30%~40%，存在较大优化空间。三是尚未实现与电网的协调互动。原能源管理系统未设计与电网互动和参与电力市场交易功能，客户用能价值未能有效挖掘。随着泛在电力物联技术技术应用普及，现有的系统无法参与需求响应与电力市场交易，亟须通过改造实现与电网交互，及参与电力市场交易。针对上述问题，整体改造思路如下：

第一，应用“大云物移智链”技术，部署省级客户侧智慧用能服务平台，汇聚海量客户侧数据资源，构建数据聚集、快速迭代、融合共享的泛在物联管理系统，实现客户用能状态的全息感知、全域物联以及多元化网荷互动。

第二，通过混合组网方式，搭建平台与客户侧物联资源的能源流、业务流、数据流“多流合一”的交互枢纽。

第三，部署边缘路由器，汇聚属地物联数据资源，构建自动化、智能化、模块化的属地自洽系统，因地制宜结合应用场景，提升客户侧物联资源管理的精细化和灵活性。

第四，通过部署不同类型的采集传感器，实现客户侧设备资源的泛在互联和即时感知。

（1）能源系统改造方案。

该商业楼宇能源系统信息物理系统（cyber-physical systems，CPS）建设思路见表 3-20。

表 3-20　CPS 建设思路

子系统	改造前	改造后
制冷剂循环子系统	根据出回水温差自动优化运行，与其他子系统缺乏联动	纳入本地 CPS，实现与其他子系统联调优化控制
冷冻水循环子系统	不能根据冷冻出回水温差进行变频运行	（1）纳入本地 CPS，实现与其他子系统联调优化控制； （2）完成冷冻水循环管网出回水温度采集改造； （3）完成冷冻水泵运行状态监测改造； （4）完成冷冻水泵实时变频运行改造

续表

子系统	改造前	改造后
冷却水循环子系统	不能根据冷却水出回水温差进行冷却塔风机运行数量控制	（1）纳入本地 CPS，实现与其他子系统联调优化控制； （2）完成冷却水循环管网出回水温度采集改造； （3）完成室外温湿度采集改造； （4）完成冷却塔风机运行状态监测改造； （5）完成冷却塔风机数量优化控制改造
末端空调箱子系统	不能匹配末端空调箱对应区域的温度进行精准调控	（1）纳入本地 CPS，实现与其他子系统联调优化控制； （2）完成末端空调箱对应区域温度采集改造； （3）完成末端空调箱运行状态监测改造； （4）完成末端空调箱冷量控制改造； （5）识别末端需冷量，调节主机制冷量出力，实现整体系统动态寻优运行

对商场空调系统实施全景监测改造，系统接入 6 台冷热源主机、14 台水泵、6 台冷却塔、38 个冷却风机以及末端空调箱，部署各类传感器实时监测运行数据。数据上传至边缘控制终端，实时计算分析设备能耗，实现低功耗、低延时的就地实时控制，确保风机、水泵等设备整体运行状态最优。改造内容见表 3-21。

表 3-21 CPS 改造内容

子系统	改造内容
冷冻水子系统	冷冻水出、回水管道加装温度传感器实现冷冻水出回水温差采集。通过加装边缘控制器实现冷冻水泵追踪冷冻水出回水温差自动变频运行
冷却水子系统	冷却水出、回水管道加装温度传感器实现冷却水出回水温差采集；加装室外温湿度传感器，实现室外温湿度采集；通过加装边缘控制器实现冷却水泵的启停和冷却塔冷却风机的分组控制
末端空调箱子系统	末端空调箱回风管加装温度传感器实现对末端需冷量的实时采集，通过加装边缘控制器实现对电磁阀的开度控制

1）配置系统控制柜。

在楼宇负三楼布置冷冻水循环子系统控制柜，采集冷冻水系统循环管网的出回水温度，冷冻水泵和冷水主机的运行状态参数，通过控制柜内置的本地策略对酒店和商场的 6 台主机和 7 台冷冻水泵进行优化控制。

在楼宇五楼布置冷却水循环子系统控制柜，采集冷却水泵和冷却塔风机的运行状态信息，通过 PLC 对酒店和商场的 6 台冷却塔和总计 38 台风机进行控制。

在楼宇负二楼布置末端空调箱控制柜，通过 PLC 调控末端空调箱电磁阀开启度，实现末端冷量的匹配调节，降低能耗。

2）配置采集装置。

在楼宇负三楼冷水主机上加装通信板，采集冷水主机的出回水温度、流量、压力等数据。在楼宇负二楼末端空调箱风管处新装温度传感器，采集相应区域出风温度。

在楼宇五楼加装室外温湿度传感器，结合冷却水系统出水、回水温度传感器，匹配系统所需冷量，调节冷却塔风机的运行数量。

在楼宇负三层冷水机房加装用电信息采集柜，实现暖通系统主要设备分项计量，解决商场原先用电信息统计需要人工抄录的问题，为需求响应潜力预测和能效提升策略制定提供数据支撑。

在楼宇负三层冷水机房管路内加装冷冻 / 冷却水管温度计，实现冷冻水系统、冷却水系统管路温度全面采集监测，利用冷冻水出、回水温差，控制冷冻水泵频率；利用冷却水出、回水温差，控制冷却塔风机和冷却水泵运行数量。

（2）信息通信组网方案。

楼宇智慧用能 CPS 通信主要采用 RJ45、RS485、光纤等混合组网方式实现。互联网通信复用了金鹰搭建的互联网架构，在金鹰原有互联网下组建了二级局域网作为金鹰 CPS 局域网，接入了计量系统、冷冻水循环系统、冷却水循环系统、末端空调箱系统，为整个 CPS 奠定了稳定运行的基础。

1）计量采集系统通过在原有电表加装互感线圈，将电量信息接入智能电能表，通过 RS485、串口服务器与 RJ45 将智能电能表电量数据上传到上位机。

2）冷冻水循环系统通过加装串口板实现冷水机组的远程通信功能，通过 RS485 将冷水机组串口板、冷冻水泵控制柜、冷却水泵控制柜、回水温度传感器接入冷冻水循环 PLC 控制柜，通过 RJ45 将冷冻水循环 PLC 控制柜接入 CPS 局域网，与局域网内的其他 PLC 进行通信及与上位机进行通信。

3）冷却水循环系统通过 RS485 将冷却塔控制柜与温湿度传感器接入冷却水循环 PLC 控制柜，通过光纤与 RJ45 接入 CPS 局域网，与局域网内的其他 PLC

进行通信及与上位机进行通信。

4）末端空调箱系统通过 RS485 将空调箱动力柜、每个空调末端箱的回风温度传感器与电磁阀控制器接入空调末端箱 PLC 控制柜。本次改造共对负二楼餐饮区 4 个电井房进行改造，每个电井房安装一个末端空调箱 PLC 控制柜。每个 PLC 控制柜通过 RJ45 加入 CPS 局域网，与局域网内的其他 PLC 进行通信及与上位机进行通信。

（3）CPS 控制平台建设。

CPS 控制平台包含信息总览、可视化运维、能效分析、电网互动以及市场交易五个主要功能模块。

1）信息总览模块，通过图形化的显示界面，整合商业楼宇基本信息和用能信息，形象、直观地展示楼宇能效和需求响应相关的参数和趋势。

2）可视化运维模块：部分通过设备图块标识、楼宇分布图等形式展示系统内不同设备之间的流程关系和布置情况，便于运维人员准确掌握楼宇中央空调系统设备动态。

3）能效分析模块：从系统级和设备级能效两个维度对楼宇能效进行评估，分析实时采集到的数据和历史能效数据，形成能效提升方案和控制策略。

4）电网互动模块：可以直观获取需求响应的结果分析，设置自动参与需求响应的方案，以及是否参与需求响应，从而提升用户使用的便利性。

5）市场交易模块：通过规划电力市场交易在智慧用能控制系统中的实现形式，对竞价、中标、执行、结算、评价全流程管控，同时预留接口与用户界面，在客户侧可调资源正式进入辅助服务市场时，可与电力公司营销系统迅速对接并为用户带来可观经济效益。

3. 项目商业模式

项目采用合同能源管理模式，由江苏省综合能源公司投资 500 万元，前三年获取节能收益的 100%，从第四年起获取 40% 的收益。经推算，考虑客户节能与参与需求响应方面的收益，投资回收期约 5 年。未来，现货市场交易机制完善后，可进一步缩短投资回收期。

4. 项目效果分析

（1）能效收益。年用电量超过 3000 万 kW，年电费约 2000 万元，其中空调系统用能占比 30% 以上，年电费约 600 万元。实施空调系统改造后，冷冻水系统能效可提升 30%、冷却水系统能效可提升 15%、末端空调系统能效可提升 10%，整体系统能效可提升 15%~25%。按照 20% 的平均能效提升率计算，该楼宇每年的能效提升收益约 120 万元。

（2）需求响应收益。通过 CPS 参与自动需求响应，目前可调的最高负荷量达到 2800kW，江苏地区参与实时需求响应的用户，按照相关政策可获取 30 元 /kW 的补贴，依此测算，用户每次需求响应最高可获得 8.4 万元，按照每年 1~2 次的需求响应频次，每年的需求响应收益约 8 万 ~16 万元。

5. 项目经验总结

基于 CPS 的大型智慧用能楼宇是泛在电力物联网的重要应用场景。综合能源服务业务的开展，一方面，可以通过全面感知用能设备、运行参数、环境变化等重要信息，实现商业楼宇空调系统用能优化控制，利用智能物联终端，提高用能效率，降低客户用能成本，实现能效提升 15%~25%；另一方面，细化可调节负荷资源分类，应用虚拟电厂、需求响应及智能控制技术，利用智能物联终端，实现楼宇 30% 最大负荷响应能力。

在市场开拓上，初期利用公司品牌优势和客户联系，以电力运维和能效监测等业务为切入点，为客户提供专业运维服务，节约运维成本。逐步发挥各级供电公司属地化优势，由省公司组织市县公司做好商业楼宇排查，筛选出具备实施条件的目标客户，宣传楼宇智慧用能控制系统节能降费、减少人工等作用，与客户达成合作意向。

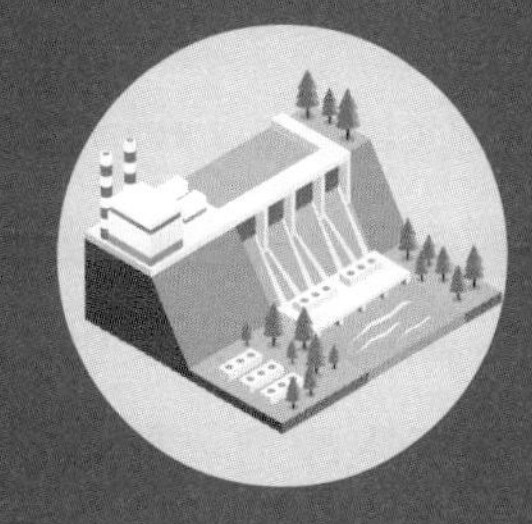

医院领域的综合能源服务解决方案

为广大新建、在运医院按需定制服务，分析了典型应用场景与用能需求特点、提供10种综合能源服务组合解决方案和6个案例解析，为医院的综合能源供给提供可复制、可推广的系统解决方案。

4.1 应用场景与用能需求特点

4.1.1 应用场景

（1）新建医院：由于医院处于建设期，可参与规划、设计、建设，提供全过程综合供能服务。

（2）在运医院：由于医院已建成，受场所与已有供能系统限制，仅能对部分供能设备进行施工改造，侧重于能效提升。

4.1.2 用能需求特点

（1）含有Ⅰ类负荷，电能质量要求高，供能品质要求高。

（2）用能密度高，24小时不间断供能。

（3）北方地区医院的负荷需求具有季节差异性。由于气候原因，冬季有采暖需求、夏季有供冷需求。

（4）一般具有饮用热水、生活热水需求。

（5）环境控制需求。住院部、化验室、手术室等场所对环境温度和光线有精细调控需求。

（6）餐饮用能需求。一般具有餐饮用气、用电等负荷需求。

（7）除常规用能需求外，还需提供消毒蒸汽。

4.1.3 服务方案特点

（1）通过多能互补和节能技术，提高医院综合能源使用效率，降低服务成本，扩大市场竞争力。

（2）应用分布式电源，满足种类繁多的设备用电需求，增强电力供应的安全性和可靠性。

（3）应用绿色环保产能技术，满足医院对环境的高品质要求，绿色环保。

4.2 解决方案

4.2.1 新建医院

新建医院的用能种类较多，品质需求较高，用能密度高，推荐以下五种服务方案。

1. 服务方案一

（1）技术方案。

1）综合能效服务：客户能效管理。

2）供冷供热供电多能服务：水源、地源、空气源热泵技术 + 蓄热式电锅炉技术 + 蓄冷式空调技术。

3）分布式清洁能源服务：分布式光伏发电 + 光伏幕墙。

4）专属电动汽车：充电站建设服务 + 充电设施运维服务。

（2）商业模式：能源托管模式。

（3）适用场景及效果。该服务方案适用于具有集中大规模供冷和供热需求、有电动汽车充电需求、有能源监测和环境控制等需求、对部分室内光线无高要求的医院。同时，太阳能资源丰富并具有足够的无遮挡空间、具有满足配置热泵要求的资源环境和空间条件。该方案可有效利用大面积太阳能资源以及环境热源，减少化石能源和市电的消耗，降低二氧化碳和污染物排放，具有较好的环保性。应用热泵技术，提高了综合能源利用效率，具有较好的节能效果。装设蓄冷式中央空调和蓄热式电锅炉，用户可以充分利用峰谷电差价，具有很高的经济性。通过提供充电站建设以及充电运维服务，可满足用户的电动汽车充电需求。

2. 服务方案二

（1）技术方案。

1）供冷供热供电多能服务：水源、地源、空气源热泵技术 + 蓄热式电锅炉技术 + 蓄冷式空调技术。

2）分布式清洁能源服务：分布式光伏发电。

3）专属电动汽车：充电站建设服务 + 充电设施运维服务。

（2）商业模式：能源托管模式。

（3）适用场景及效果。该服务方案适用于具有集中大规模供冷和供热需求、有电动汽车充电需求的医院。同时，太阳能资源丰富并具有足够的无遮挡空间、具有满足配置热泵要求的资源环境和空间条件。该方案可有效利用太阳能资源以及环境热源，减少化石能源和市电的消耗，降低二氧化碳和污染物排放，具有较好的环保性。应用热泵技术，提高了综合能源利用效率，具有较好的节能效果。装设蓄冷式中央空调和蓄热式电锅炉，用户可以充分利用峰谷电差价，具有很高的经济性。通过提供充电站建设以及充电运维服务，可满足用户的电动汽车充电需求。

3. 服务方案三

（1）技术方案。

1）供冷供热供电多能服务：蓄热式电锅炉技术。

2）专属电动汽车：充电站建设服务 + 充电设施运维服务。

（2）商业模式：能源托管模式。

（3）适用场景及效果。该服务方案适用于具有一定供热需求、有电动汽车充电需求的医院。同时，太阳能资源不丰富或不具有足够的无遮挡空间、不具有配置热泵的资源环境和空间条件。装设蓄热式电锅炉，用户可以充分利用峰谷电差价，具有较好的经济性。通过提供充电站建设以及充电运维服务，可满足用户的电动汽车充电需求。

4. 服务方案四

（1）技术方案。

1）供冷供热供电多能服务：蓄热式电锅炉技术 + 蓄冷式空调技术。

2）分布式清洁能源服务：分布式光伏发电。

3）专属电动汽车：充电站建设服务 + 充电设施运维服务。

（2）商业模式：能源托管模式。

（3）适用场景及效果。该服务方案适用于具有集中大规模供冷和一定供热需求、有电动汽车充电需求的医院。同时，太阳能资源丰富并具有足够的无遮挡空间、不具有配置热泵的资源环境和空间条件。该方案可有效利用太阳能资源，减少化石能源和市电的消耗，降低二氧化碳和污染物排放，具有一定的环保性。装设蓄冷式中央空调和蓄热式电锅炉，用户可以充分利用峰谷电差价，具有很高的经济性。通过提供充电站建设以及充电运维服务，可满足用户的电动汽车充电需求。

5. 服务方案五

（1）技术方案。

1）供冷供热供电多能服务：水源、地源、空气源热泵技术 + 蓄热式电锅炉技术。

2）分布式清洁能源服务：分布式光伏发电。

3）专属电动汽车：充电站建设服务 + 充电设施运维服务。

（2）商业模式：能源托管模式。

（3）适用场景及效果。该服务方案适用于具有一定供冷和供热需求、有电动汽车充电需求的医院。同时，太阳能资源丰富并具有足够的无遮挡空间、具有满足配置热泵要求的资源环境和空间条件。该方案可有效利用大面积太阳能资源以及环境热源，减少化石能源和市电的消耗，降低二氧化碳和污染物排放，具有较好的环保性。应用热泵技术，提高了综合能源利用效率，具有较好的节能效果。装设蓄热式电锅炉，用户可以充分利用峰谷电差价，具有较好的经济性。通过提供充电站建设以及充电运维服务，可满足用户的电动汽车充电需求。

4.2.2 在运医院

与新建医院不同，受到已有建筑空间和已有供能方式的限制，在运医院多采用改造的方式。推荐以下五种服务方案。

1. 服务方案一

（1）技术方案。

1）综合能效服务：照明改造技术 + 空调节能改造 + 客户能效管理。

2）供冷供热供电多能服务：蓄热式电锅炉技术 + 蓄冷式空调技术。

3）分布式清洁能源服务：分布式光伏发电 + 光伏幕墙。

4）专属电动汽车：充电站建设服务 + 充电设施运维服务。

（2）商业模式：合同能源管理（EMC）。

（3）适用场景及效果。该服务方案适用于具有集中大规模供冷和供热需求、有电动汽车充电需求、有能效提升需求、有能源监测和环境控制等需求、对部分室内光线无高要求的医院。同时，太阳能资源丰富并具有足够的无遮挡空间、不具有配置热泵的资源环境和空间条件。该方案可有效利用大面积太阳能资源，减少化石能源和市电的消耗，降低二氧化碳和污染物排放，具有较好的环保性。更换高效绿色照明设备以及改造和优化空调系统，提高了综合能源利用效率，可实现一定的节能效果。装设蓄冷式中央空调和蓄热式电锅炉，用户可以充分利用峰谷电差价，具有很高的经济性。通过提供充电站建设以及充电运维服务，可满足用户的电动汽车充电需求。

2. 服务方案二

（1）技术方案。

1）综合能效服务：客户能效管理。

2）供冷供热供电多能服务：水源、地源、空气源热泵技术 + 蓄热式电锅炉技术 + 蓄冷式空调技术。

3）分布式清洁能源服务：分布式光伏发电 + 光伏幕墙。

4）专属电动汽车：充电站建设服务 + 充电设施运维服务。

（2）商业模式：合同能源管理（EMC）。

（3）适用场景及效果。该服务方案适用于具有集中大规模供冷和供热需求、有电动汽车充电需求、有能源监测和环境控制等需求、对部分室内光线无高要求的医院。同时，太阳能资源丰富并具有足够的无遮挡空间、具有满足配置热泵要求的资源环境和空间条件。该方案可有效利用大面积太阳能资源以及环境热源，减少化石能源和市电的消耗，降低二氧化碳和污染物排放，具有较好的环保性。应用热泵技术，提高了综合能源利用效率，具有较好的节能效果。装设蓄冷式中央空调和蓄热式电锅炉，用户可以充分利用峰谷电差价，具有很高的经济性。通过提供充电站建设以及充电运维服务，可满足用户的电动汽车充电需求。

3. 服务方案三

（1）技术方案。

1）供冷供热供电多能服务：水源、地源、空气源热泵技术 + 碳晶电采暖技术 + 蓄冷式空调技术。

2）分布式清洁能源服务：分布式光伏发电。

3）专属电动汽车：充电站建设服务 + 充电设施运维服务。

（2）商业模式：合同能源管理（EMC）。

（3）适用场景及效果。该服务方案适用于具有集中大规模供冷和供热需求、有电动汽车充电需求的医院。同时，太阳能资源丰富并具有足够的无遮挡空间、具有满足配置热泵要求的资源环境和空间条件。该方案可有效利用太阳能资源以及环境热源，减少化石能源和市电的消耗，降低二氧化碳和污染物排放，具有较好的环保性。应用电热转换效率较高的碳晶电采暖技术，提高了用户用能体验和舒适度，进一步应用热泵技术，提高了综合能源利用效率，可实现较好的节能效果。装设蓄冷式中央空调，用户可以充分利用峰谷电差价，具有较好的经济性。通过提供充电站建设以及充电运维服务，可满足用户的电动汽车充电需求。

4. 服务方案四

（1）技术方案。

1）供冷供热供电多能服务：碳晶电采暖技术 + 蓄冷式空调技术。

2）分布式清洁能源服务：分布式光伏发电。

3）专属电动汽车：充电站建设服务 + 充电设施运维服务。

（2）商业模式：合同能源管理（EMC）。

（3）适用场景及效果。该服务方案适用于具有集中大规模供冷和一定供热需求、有电动汽车充电需求的医院。同时，太阳能资源丰富并具有足够的无遮挡空间、不具有配置热泵的资源环境和空间条件。该方案可有效利用太阳能资源，减少化石能源和市电的消耗，降低二氧化碳和污染物排放，具有较好的环保性。应用电热转换效率较高的碳晶电采暖技术，提高了用户用能体验和舒适度，具有一定的节能效果。装设蓄冷式中央空调，用户可以充分利用峰谷电差价，具有较好的经济性。通过提供充电桩建设以及充电运维服务，可满足用户的电动汽车充电需求。

5. 服务方案五

（1）技术方案。

1）供冷供热供电多能服务：蓄热式电锅炉技术 + 蓄冷式空调技术。

2）分布式清洁能源服务：分布式光伏发电。

3）专属电动汽车：充电站建设服务 + 充电设施运维服务。

（2）商业模式：合同能源管理（EMC）。

（3）适用场景及效果。该服务方案适用于具有集中大规模供冷和一定供热需求、有电动汽车充电需求的医院。同时，太阳能资源丰富并具有足够的无遮挡空间、不具有配置热泵的资源环境和空间条件。该方案可有效利用太阳能资源，减少化石能源和市电的消耗，降低二氧化碳和污染物排放，具有一定的环保性。装设蓄冷式中央空调和蓄热式电锅炉，用户可以充分利用峰谷电差价，具有很高的经济性。通过提供充电站建设以及充电运维服务，可满足用户的电动汽车充电需求。

4.3 案例

4.3.1 湖南某医院综合能源服务项目

1. 项目概况

湖南某医院是集医疗、教学、科研、预防、保健为一体的大型国家三级甲等综合医院，医院编制床位 2300 张，年门诊量 120 万余人次，住院病人 7.2 万余人次。医院院区总建筑面积 143553.57m^2，使用面积 122159.97m^2，门诊面积 22325.6m^2。

2. 项目技术方案

该医院综合能源服务解决方案采用技术节能与管理节能有机结合的方式，其中技术节能包含多联机节能管控、中央空调节能管控、电梯回馈节能控制、照明系统节能改造四个部分；管理节能包括能效考核、规范用能习惯、运行策略优化、制定用能规划四个部分。该方案建设重点包含医院能耗监管系统建设、变电站配电监控系统设备、后勤数字化监控中心建设、节能技术改造四个方面：

（1）医院能耗监管系统建设。

改造前情况：配电室高压进线和变压器出线均安装了微机综合保护装置，用于测量、控制、保护和通信，但是缺乏电力监控系统，所有信息仅限于本地显示；配电室低压进线和馈线均部分安装三相智能电能表，但并未带有远传功能，无法实现医院用电实时在线计量监测和故障及时告警。楼层强电间配电箱部分目前已经根据医院的用能考核需求安装了机械式用电分项计量电能表，目前能耗数据均需人工定期抄表和记录，费时费力，严重阻碍了能源数据的精细化管理。

改造方案：通过部署医院能源管控一体化软件，配电房各进线柜、馈线柜安装多功能仪表、内部网络接入已有和新装电力仪表和楼层各科室配电回路计量仪表等设备，实现变电站的能耗数据采集和楼层科室能耗计量采集。

（2）变电站配电监控系统配备。

在5个低压配电房和1个中压配电房动力环境监测设备安装多功能电力仪表，同时接入医院视频监控系统中配电房部分视频信息，部署配电监测模块，实现变电站集中监控。

（3）后勤数字化监控中心建设。

改造前情况：中央空调运行没有任何优化控制，依靠人工管理，效率低成本高；存在不合理使用及其他低效率问题，导致空调耗电过高，分体/多联机空调故障会降低空调能效，导致用电量上升，严重的会影响舒适度。分体/多联机空调缺乏空调残值分析工具，对该修还是该换缺乏科学判断依据，造成不必要的成本浪费。

改造方案：现场搭建3×4拼接大屏展示监控系统，部署能耗监管与配电监控中心，数字化监控中心架构如图4-1所示。通过数字化监控系统对中央空调运行进行优化，采用科学分析工具和方法，提高空调运行效率。

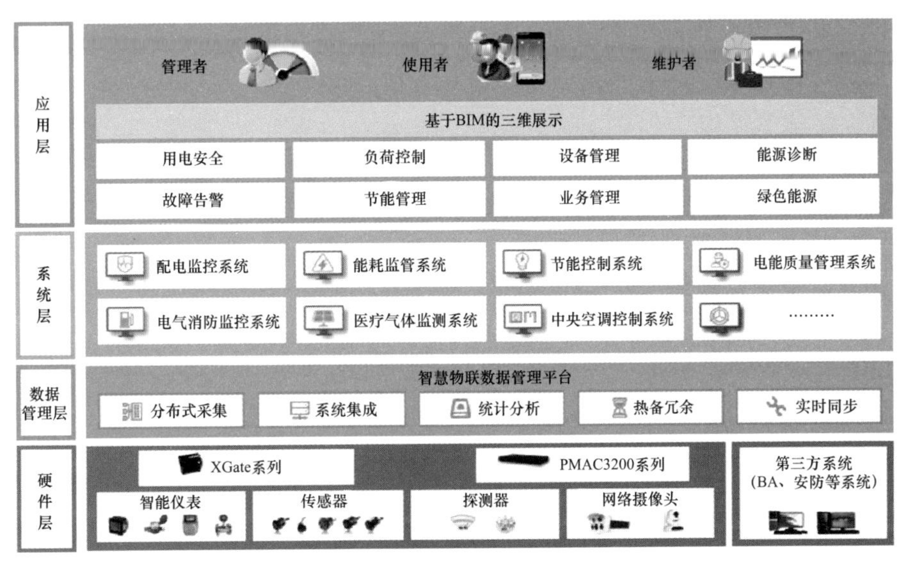

图4-1　数字化监控中心架构

（4）节能技术改造。

改造前情况：医院部分灯具出现故障报修时便更换为 LED 灯，但大多数灯具仍为普通荧光灯或者 T5、T8 的节能灯。灯具缺乏智能控制，不能结合光照度或者人体存在的传感器等设备，通过调光驱动器实现医院公共区域的照明智能控制。全院电梯接近 28 台，单台电梯日耗电量约 46kWh，电梯房内电梯较高散热量导致空调能耗较高。

改造措施：部署能耗监管与配电监控后台设备，对电梯加装电梯专用能量反馈装置，对全院未进行 LED 灯更换的灯具进行 LED 灯升级。

3. 项目商业模式

该项目采用全费用能源托管的商业模式、平台 + 运维的服务模式，线上线下相结合，采用先进的综合能源服务平台，结合专业运维团队，为客户提供日常能源管理及能源诊断、能源审计、能源评估、线下运维等具体能源、机电设备管理工作。

合同期内：医院根据能源费用基准（前三年能耗费用平均值或低于医院每年平均增长比例的能耗值）向综合能源服务公司按月支付能源费用，运维人员支出费用、后勤机电运维服务费用（机电运维社会化外包）按往年计算或根据项目投资收益情况协商后确定。综合能源服务公司通过管理和技术手段降低能耗，提供医院机电系统的运维服务，保障设备安全、稳定运行，同时根据实际发生的能耗费用分别向电力公司支付能源费用，或根据项目投资成本及节能效益情况与医院协商，双方获得一定比例的节能收益。

合同到期后：综合能源服务公司向院方移交后勤机电的运维服务、综合能源服务平台以及已完成的技改设备，同时根据院方需求为医院提供平台的维保服务，医院独享后续全部的节能收益。

4. 项目效果分析

该项目采用全费用能源托管的商业模式，合同期 10 年，可为医院带来 3050 万元的节能收益，项目收益明细详见表 4–1。

表 4-1 项目收益明细

序号	项目名称	收益内容	合同期收益
1	节省节能改造费用	由综合能源公司对节能改造进行投资，缓解院方资金压力，节约利息不计	300 万元
2	减少人工成本	通过电力监控、能源管理系统以及一系列优化运行措施，将极大减轻现场运维人员的工作量，提升运维人员的工作效率，按每年减少 2 人计算，一年减少院方支出大约 15 万元	150 万元
3	减少能耗增长费用	实现能源托管后，院方将按照基准电费分期向综合能源服务公司支付电费，减少了由于设备老化、用能习惯不佳等导致的能耗增长费用（全院 2017 年电耗较 2016 年增长 17%，2018 年较 2017 年增长 12%），按全院每年 5% 的增长额，为大约 1.2×10^6kWh，用最新电价计费标准折算大约为每年 90 万元，共计 900 万元	900 万元
4	合同期外收益	合同到期后，院方严格按照规范化标准运行，将独自享有节能技改的节能收益，按每年 150 万计，系统寿命按照 10 年计	1500 万元
5	降低设备维护费用	预防性维护的操作以及及时高效的运维监管将有效降低设备故障率，从而降低设备的维护支出，每年预估减少 20 万元，共计 200 万元	200 万元
总计			3050 万元

与此同时，通过节能设施改造与数字化平台建设有机结合的方式，线上线下相结合的手段，以及有效的节能技改措施，让医院设备运行安全性能有质的提升，能源消耗整体降低，进而实现万元收入能耗支出的下降。

（1）运行可靠性更高：对现有空调冷站机房、空调末端系统等进行综合节能改造，优化系统的运行策略，提高系统运行效率，延长设备寿命。

（2）运营管理更高效：协助建立专业的运营管理团队和运营机制，及时跟踪、反馈医院各用能设备的运行使用情况，及时处置各种突发故障并进行设备维修，确保医院供冷的可靠性。

（3）转移项目技术风险和经济风险：由专业的团队负责项目机电及能源系统的设计、建设及运维管理，实现能源系统全流程质量、性能管控，最大限度避免项目潜在技术风险，同时可为医院节省高昂的能源系统技改资金。

（4）绿色医院建设：打造绿色医院标杆项目，协助申请绿色医院；协助申请国家、省、市既有建筑节能改造示范项目，打造绿色标杆医院。使医院具有更强的社会影响力。

5. 项目经验总结

该项目通过大数据手段深挖客户需求，提供贴近用户的专业化服务、创新多方共赢的商业模式、全生命周期的服务体系、不同场景适配的定制解决方案，为用户提供省心、省钱用能服务。该项目采用全费用能源托管的模式，以不到200万的项目投入获得了3050万的营业收入，具备典型示范效应。

4.3.2 河南某医院水源热泵系统项目

1. 项目概况

河南某医院住院部建筑面积为6500m²，现夏季制冷采用分体式空调及窗机，冬季采用市政热力公司集中供暖。

现有空调大部分于1995年以前安装，已到设计使用寿命，出力下降，制冷效果差，故障率不断上升、维修费逐年增加。暖气系统自1996年运行至今，老化严重，故障不断，维修费逐年增加，所以考虑采用水源热泵机组代替原暖气系统及已到设计使用寿命的空调。

2. 项目技术方案

（1）项目设计流程。项目设计流程如图4–2所示。

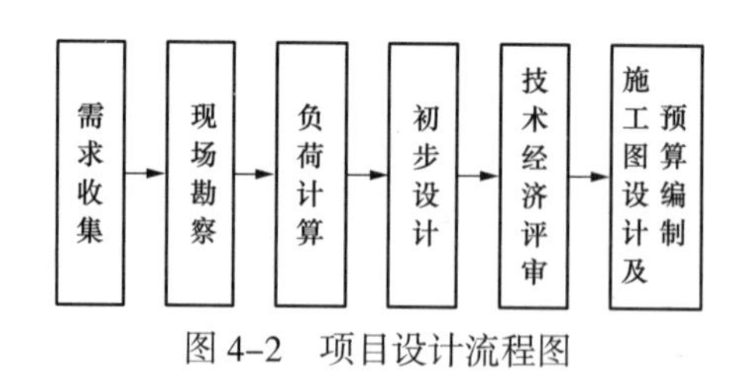

图4–2 项目设计流程图

1）需求收集。了解用户意向，获取建筑平面图，计算供热（冷）面积，分析建筑物位置、电力供应情况以及周围环境影响因素。

2）现场勘察。详细了解建筑物结构及周围空旷面积、周围水源、地理结构等。判断现场条件是否满足水源热泵或地源热泵的要求，为热泵选型提供依据。

3）负荷计算。根据当地标准结合实际需求计算所需空调热泵主机的容量。

4）初步设计。根据热负荷计算和初步选型结果，参照建筑图纸和既有空调系统管路图，设计管道走向和机组安装位置方案，并编制投资概算书。

5）技术经济评审。对设计方案进行技术、经济性分析，召开专家评审会，完成修改后提交给委托单位。

6）施工图设计及预算编制。设计单位完成修改后出具详细的施工图设计书，并提供详细的材料、设备、工程预算清单。实施单位与客户签订工程合同或合同能源管理（EMC）合同后，即可根据工程进度和用户要求进入施工准备阶段。

（2）项目规划方案。住院部冷热源系统采用水源热泵系统，采用 1 台型号为 GHCL–700 的螺杆式水源热泵机组，制冷量 701kW，冷冻水循环量 120m^3/h，冷却水循环量 66m^3/h，制热量 793kW，制冷功率 134kW，制热功率 176kW，制冷工况供 / 回水温度 7℃ /12℃，制热工况供 / 回水温度 49℃ /43℃。本项目共需三眼钢管井，一眼用于供水，两眼用于回水，单眼井深约 160m。

夏季：机组制冷供 / 回水温度为 7℃ /12℃；地下水供 / 回水温度为 18℃ /29℃。

冬季：机组制热供 / 回水温度为 40℃ /45℃；地下水供 / 回水温度为 15℃ /7℃。

（3）项目实施流程。项目实施流程如图 4–3 所示。

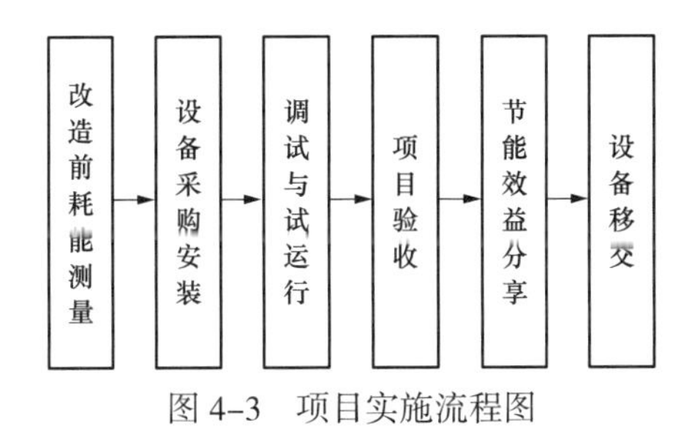

图 4–3 项目实施流程图

1）改造前耗能测量。采用现场测量或者查询历史运行记录方式确定现场机组能耗，能耗数据应按夏季制冷和冬季供热两部分分别计算。

2）设备采购安装。设备进场、验收后，进行设备安装。

3）调试与试运行。空调工程一般调试完试运行 24h，即可交由客户管理。

4）项目验收。采用客户方、投资方和工程承包方三方验收方式。

3. 项目商业模式

本项目采用合同能源管理（EMC）商业模式：

（1）节能效益分享。适用于合同能源管理投资方式的项目，在EMC合同期限内的节能效益分享按合同约定方式按期执行，合同期内的设备运行可以交由客户负责，综合能源服务公司定期进行设备状态回访，并负责分享合同期内设备故障的解决。

（2）设备移交。EMC合同期限结束时，综合能源服务公司应与客户办理设备资产移交手续。

4. 项目效果分析

该项目年新增电量为 1.2×10^5kWh，新增电费收入约10万元，采用水源热泵制冷供热，年节约运行成本约15万元。

采用热泵系统替代常规供暖系统，每年实现各种温室气体和污染气体的减排量为：CO_2 225t、SO_2 2.14t、NO_x 1.56t。

5. 项目经验总结

（1）应用水源热泵时，对水源系统的原则要求是：水量充足，水温适度，水质适宜，供水稳定。

（2）水源热泵空调系统技术和产业化已经成熟，在我国符合条件的地方，特别是有余热、废热可利用的地方应大力推广该技术。

4.3.3 江苏某医院能源托管模式项目

1. 项目概况

江苏某医院有电、冷、热等多种能源需求，国网江苏综合能源服务有限公司为该医院建设中央空调系统、蓄热式电锅炉、蒸汽发生器等设备，替代原有燃煤锅炉，并完成了客户增容和内部配电工程改造。

2. 项目技术方案

国网江苏综合能源服务有限公司为该医院实施电制冷、蓄热式电锅炉制热的方案。具体方案包括：改造两台总功率为2500kW的蓄热式电锅炉，新增两台螺杆式水冷机组以及对电力线路进行2500kVA容量增容。

蓄热式电热锅炉是一种新型高效节能电加热产品，用以响应电网企业鼓励在低谷时段用电加热产品可享受优惠电价的政策。

蓄热式电锅炉配以蓄热水箱及附属设备构成蓄热式电锅炉系统。在电网低谷时段开启电锅炉将水加热并储存在水箱中，在电网高峰时段关闭电锅炉。利用蓄热水箱中的热水采暖，达到全部使用低谷电力（全蓄热式）或部分使用低谷电力（半蓄热式）供热的目的。

3. 项目商业模式

本项目采用能源托管模式。由综合能源服务公司投资 1300 万元重建医院的供冷供热系统，采用全电气化的设备，系统可靠性高、自动化程度高、集成度高，能确保医院供冷、供热、供电系统的稳定运行。综合能源服务公司负责系统运维和能源费用支付，医院每年支付综合能源服务公司运维托管费用 788 万元，托管期为 10 年。

4. 项目效果分析

（1）经济效益。通过储能系统充分利用分时电价，客户可节约用能成本上百万元。

（2）环保效益。折算年节约标准煤 3000t，每年可减少有害气体排放 20.7t。

5. 项目经验总结

（1）应充分考虑工程细节确保技术可行。例如，由于蓄水箱占地面积较大，应充分考虑其配置容量的经济性。

（2）蓄热式电锅炉选型时，应充分考虑负荷和天气的不确定性，适当考虑极端情况下的供能安全性。

4.3.4　武汉某医院节能改造工程项目

1. 项目概况

武汉某综合医院用能系统具有能源种类繁多、能耗数据高、能耗管理难度大的问题。此外，部分用能设备使用年限较长、老化严重。对该医院既有建筑节能改造项目主要包括以下几个方面：热水系统改造、中央空调系统改造、锅炉系统改造、电梯系统改造和配电系统改造。

2. 项目技术方案

（1）外科楼热水系统节能改造措施。

1）更换原有容积式换热器，采用阿法拉伐汽—液板式换热器。

2）更换原有热水循环泵及加压泵，增加变频水泵。

3）增加一套自控系统，自动调节热水温度、流量，根据使用时间段自动控制水泵启停。增加报警和监控系统。

（2）中央空调节能改造措施。

1）更换低效率水泵，机组加装 VSD 变频器进行水泵变频改造。随时监测冷冻水温度、蒸发 / 冷凝压力、导流叶片开度以及电动机实际转速等工作参数，根据冷量需求同时调节电动机转速和导流叶片开度，优化机组部分负荷性能，节省运行费用。

2）设备机房加装末端测控设备，提高设备末端量测和自动控制水平。

3）在手术室增加免费制冷板换系统。在常规空调系统基础上适当增加部分管路和设备，当过渡季节或者冬季室外湿球温度低于一定值时，关闭制冷机组，以流经冷却塔的循环冷却水直接或间接向空调系统供冷，达到节能的目的。

4）系统进行优化改造，增加节能系统操控平台和高效能源管控系统。

改造前供冷主机、水泵全部工频运行，供冷系统手动控制并且无能耗监测平台。改造后两台制冷主机和水泵全部变频运行，冷却塔实现了自动控制，供冷系统增加了能耗监测平台和控制平台。

（3）水泵和风机变频改造。

通过对循环水泵、送风机等用电设备进行变频改造从而降低耗电量。根据电动机的负荷需求即时调整电动机的转速，从而调整电动机的运行功率，达到降低电动机能耗的目的。

3. 项目商业模式

项目采用用户自主全资模式。综合能源服务商负责系统设计、设备购置、改造建设，置入资产和节能收益归用户所有。

4. 项目效果分析

（1）经济效益。项目建成后，年节约运行成本约 10%。

（2）环保效益。折算年节约标准煤 3000t，每年可减少 CO_2 排放 1100.6t。

5. 项目经验总结

（1）在对医院的既有建筑进行节能改造时，要特别关注各个科室之间的差异性需求。

（2）医院用电设备大多是感性负载，主要有日光灯、风扇、空调、检查设备等，功率因数多在 0.5~0.8 之间，存在大量的无功损耗。因此，可通过增加无功补偿装置或者应用变频技术，降低耗电量，提高用能效率。

4.3.5 江苏某医院电能替代项目

1. 项目概况

江苏某医院积极响应绿色、低碳发展，国家及电力部门给予电能替代鼓励政策，国网江苏综合能源服务有限公司对电能替代相关技术在本次工程中应用的可行性研究得到了院方的认可，且充分证实了供冷供暖电能替代方案不但可以为院方节省初始投资，也可以为今后的运营带来可观的收益。项目基本信息见表 4–2。

表 4–2 项目基本信息

建筑类型	医院	供暖面积	约 127210m^2
供暖时间	120 天	日供暖时间	24h
意向采暖方式	电锅炉蓄冷蓄热	采暖温度	18℃ ±2℃
原供暖设备	燃气锅炉 + 冷水机组	末端形式	风机盘管
执行电价	一般工商业	电压等级	380V
是否有供冷需求	有	供冷时间	120 天

2. 项目技术方案

（1）方案比较。

1）方案一：燃气锅炉 + 冷水机组供冷供暖方案，医院能源运营费用分为四部分：燃气运营费用（主要设计为空调采暖）438 万元、生活热水费用 57.4 万元、空调制冷使用费用 420 万元、人工费 60 万元。共计 975.4 万元。

2）方案二：电锅炉蓄冷蓄热方案，医院采用暖通蓄冷蓄热方案计算费用。4 台离心式制冷主机及其附属冷冻水泵、冷却水泵、冷却塔等，全部功率约为 2600kW；热负荷：住院楼 3326kW，门急诊医技楼 2825kW，生活热水 2500kW；蓄热式电锅炉加热时间：0 : 00~8 : 00，共计 8h；蓄冷 / 蓄热水池容积：1200m^3；供暖 120 天，供冷 200 天。蓄热式电锅炉（空调热源）费用 384 万元、蓄热式电锅炉（生活热水）费用 38 万元、水蓄冷费用 336 万元，运营费用共计

758 万元。

通过对比，方案二比方案一节省费用 975.4 万元 –758 万元 =217.4 万元。另外方案二充分利用现有的低谷电价优惠政策，将一定量的负荷转移至低谷时段进行蓄冷蓄热，在高峰时段释放热量以及冷量。由于高峰时段与低谷时段电价的差异，可以为医院节省可观的电费。

因此，从投资与运行成本的角度考虑，院方选择了方案二。

（2）方案简述。

夏季制冷采用原有离心式机组，配备一定容量蓄冷水罐（或水箱），利用晚间低负荷时段（0 : 00~8 : 00）进行水蓄冷，白天释放冷量。

冬季采暖以及生活热水供应，采用水蓄热的形式利用低谷电存储热能，白大释放热量。其中，夏季蓄冷与冬季蓄热可以采用同一个保温水罐（或水池、水箱）。

3. 项目商业模式

为鼓励用户使用清洁电能，降低投资压力，对因实施电能替代改造而引起的接入工程由供电公司负责投资建设，两条 10kV 双专线建设由供电公司建设，费用约 600 万元；对采用冰蓄冷和蓄热式电锅炉装置的双电源供电的用户，可减收该装置设备容量的高可靠性费用（实际核减容量需现场核定），减免标准为 160 元 /kVA，按照 8000kVA 计算减免可靠性费用 8000 × 160=128 万元；减免间隔费用约为 60 万元。其他电锅炉、水箱等设备均由用户投资。

项目建成后由国网江苏综合能源服务公司对高低压配电设施、空调暖通系统运行巡视及日常维护。

4. 项目效果分析

（1）经济效益。

院方采用电蓄冷蓄热技术，需要多增加投资部分：蓄冷蓄热两用水箱容积共计 1200m^3（用于冬季蓄热以及夏季蓄冷）、11400kW 的电蓄热锅炉用于空调采暖、600kW 的水箱容积 80m^3 一体化电蓄热锅炉（生活用水）、蓄冷布水装置、水泵、控制系统等，以上共计增加设备投资约 860 万元。减少投资部分：三台燃气锅炉投资约 120 万元、减少高可靠性费用 128 万元、间隔费用共计 60 万元、接入工程费用 600 万元。实际共计增加投资：860–120–128–60–600=–48 万元。

详细投资收益及运营费用分析见表 4–3。

表 4–3　　投资收益及运营费用分析

序号	项目类别	天然气 常规空调	电蓄热 电蓄冷 + 常规空调	备注
1	设备初始投资 高可靠性费用 （按照 8000kVA）	120 万元锅炉成本 128 万元高可靠性费用 60 万元间隔费用 600 万元接入工程费用	860 万元 免除高可靠性费用	一次性投资
2	年运营成本	915.4 万元	758 万元	每年
3	人工成本	60 万元	0	每年
4	使用低谷电蓄冷蓄热，相比使用常规空调以及天然气，每年可节省：（915.4+60）–758=217.4 万元			
5	使用电蓄冷蓄热，新增投资：860–120–128–60–600=–48 万元			
6	五年合计运营费用（含初期投资）			
7	总费用	初始投资：（120+128+60）=308 万元； 五年运营成本： （915.4+60）× 5=4877 万元； 天然气锅炉效率损耗： 100 万元 合计：5285 万元	初始投资：860 万元； 五年运营成本： 758 × 5=3790 万元 合计：4650 万元	天然气锅炉两年后会增加约 10% 的效率损耗，折合约 100 万元

（2）社会效益分析。

综上所述，本项目具有良好的经济收益，有助于用户完成节能降耗指标，每年能给用户降低客观的运营费用，具有较高可行性。本项目使用的是先进且成熟的技术与产品，具备良好的前期基础条件和技术支撑，符合国家节能减排发展新能源的政策，有利于保护当地优良的生态环境，调整能源消费结构，对新能源产业发展和完成“十二五”节能减排目标任务具有积极的意义。

5. 项目经验总结

（1）通过实施水蓄冷空调项目，利用“峰、谷、平”电价差，在实际制冷过程中通过谷制峰用，节约大量空调电费，降低企业生产成本，提高企业竞争力。

（2）优化利用蓄热电锅炉系统的三种运行模式：加热模式、蓄热模式、紧急加热模式，可以保证用户采暖需求，提高系统运行经济性。

4.3.6 天津某医院电能替代项目

1. 项目概况

医院电能主要用于空调系统、照明及插座系统、电梯系统、热水系统及大型医疗设备系统。耗能支出由水电、天然气等组成，随着耗能设备老化、性能衰减，能耗费用每年将成一定比例增长。

由于医院后勤设备缺乏现代的信息化管理工具，设备的流程化管理水平较弱，设备故障发现与处理不及时将对医院的用能安全、设备的全生命周期维护造成不利影响，降低设备使用寿命及能效，间接增加医院后勤支出。

2. 项目技术方案

综合能源服务范围包括：提供院区后勤机电范围内运行值守和综合报修服务，并进行医院后勤数字化管理平台的建设以及节能技改措施的实施，提高医院能效水平和后勤机电管理水平。具体的内容如下：

（1）医院后勤数字化管理平台的建设（免费为医院搭建）。平台包括综合能源管理系统、设备安全监控管理系统、后勤业务流程管理系统。

（2）后勤机电运维的日常运行服务（由院方支付人员服务费）。日常运行服务包括机房管理、设备保养管理、综合维修管理、日常运行、巡检、日常维护保养等。

（3）节能技改服务（由综合能源服务公司投资建设）。医院主要节能改造方式包括中央空调主机离心变频改造、机房群控系统改造、采暖用风冷热泵主机代替现有电锅炉、照明灯具改造、分体空调集中控制、节能灯具改造、照明控制、节水龙头的使用、电梯能量反馈装置的使用等。

3. 项目商业模式

综合能源服务商业模式包含能源托管模式和机电运维服务。

（1）能源托管模式，指客户委托综合能源服务公司进行能源系统的节能改造和运行管理，并按照合同约定支付综合能源服务公司能源费用，综合能源服务公司通过提高能源效率降低能源费用，并按照合同约定拥有全部或部分节省的能源费用，最终给客户提供能源使用。能源托管费用包括设备运营、管理和维护费用，人员管理费用，日常所需燃料费用及运营成本等。

合同期内：综合能源服务公司向医院提供全面的机电设备、能源的运维托管服务，医院以往年能源费用为标准按月向综合能源服务公司支付能源费用，按合同约定的价格支付综合能源服务公司给院方提供的机电运维人员的服务费用。综合能源服务公司负责向电力公司支付能源费用，为院方提供机电运维服务，以及为院方提供综合能源服务的所有初投资，实现一定比例的能源节约。

合同到期后：综合能源服务公司向院方移交运维服务、医院后勤数字化管理平台以及已完成的技改设备，同时继续为医院提供平台的维保服务，医院仅需支付少量的平台服务费用，医院接下来将独享全部的节能收益；或继续与综合能源服务公司签订能源托管模式服务合同，综合能源服务公司将节能收益与院方按一定比例分享。

（2）机电运维服务，完善后勤机电子系统，配置专业机电管家，采取线上线下相结合的方式为医院提供后勤机电日常运维服务。

4. 项目效果分析

（1）节约能源，响应国家节能减排政策，建设绿色医院。合同期后每年获得一定的节能收益。

（2）医院后勤数字化管理平台帮助医院实现能源精细化管理、帮助医院实现高变配电系统、生活热水系统、暖通空调、送排风净化系统、医用气体、给排水、公共照明、电梯实时在线监控与安全预警，提高医院安全运行水平。

（3）医院机电设备得到及时有效的运维保障，提升医院后勤管理效率。通过预防性维护，延长机电设备的使用寿命，降低后勤机电设备故障报修率，进而减少支出成本。

（4）无须增加技改设备支出，拥有技改设备的使用权以及后期的所有权，在不增加医院负担的前提下得到更新设备的舒适体验。

5. 项目经验总结

采用智慧后勤运维一体化平台 + 设备更新 + 节能技改 + 专业运维服务团队的托管服务模式，实现了医院后勤的高效安全运营。专业运维人员基于平台的监测、分析、运维达到能源精细化管理目标，提升管理效率、降低运营成本。通过对暖通系统开展调试调优，更换低效率设备，空调节能优化等一系列技术改革措施，使得综合能源效率提高，设备使用寿命延长，能源保障能力得到提升。

5

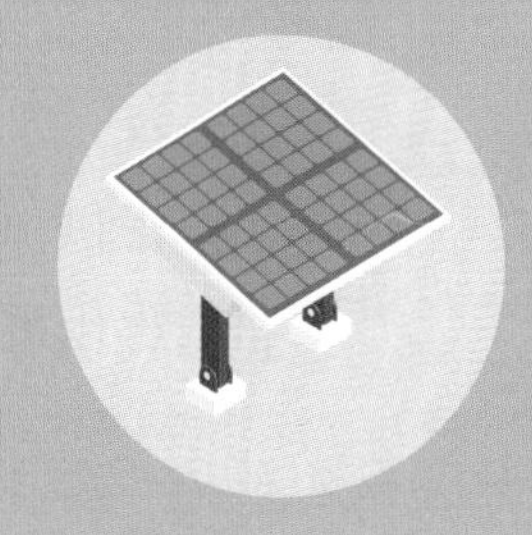

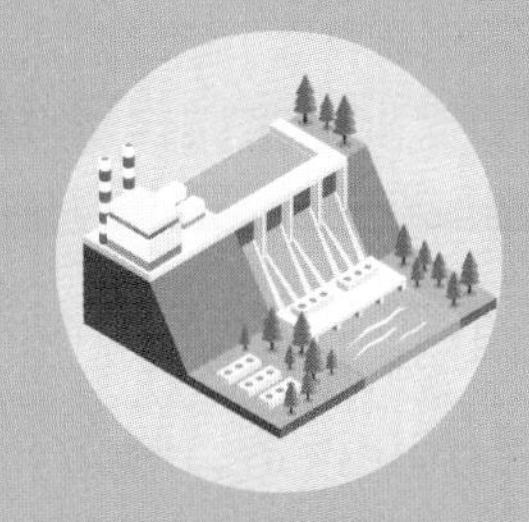

园区领域的综合能源服务解决方案

为广大新建、在运园区按需定制服务，分析了典型应用场景与用能需求特点、提供 10 种综合能源服务组合解决方案和 4 个案例解析，为园区的综合能源供给提供可复制、可推广的参考解决方案。

5.1 应用场景与用能需求特点

5.1.1 应用场景

（1）新建园区：由于园区处于建设期，可参与规划、设计、建设，提供全过程综合供能服务。

（2）在运园区：由于园区已建成，受场所与已有供能系统限制，仅能对部分供能设备进行施工改造，侧重于能效提升。

5.1.2 用能需求特点

（1）园区负荷需求体量大、种类多，负荷在时间分布上存在一定的互补特性。

（2）通过协调区域供热系统、区域供冷系统以及区域供电系统满足区域内多种能源需求的综合能源供给。

（3）综合能源园区服务涵盖综合能源规划及综合能源服务两个维度。

（4）在满足区域能源合理需求的前提下，综合考虑区域能源条件和资源条件，充分利用园区内可再生资源，最大限度地降低区域内能源消耗，降低污染物和碳排放，获得最佳经济效益与社会效益。

5.1.3 服务方案特点

（1）因地制宜，充分利用当地可再生资源，满足多样化的能源需求，提高供能质量。

（2）通过应用节能技术，提高能源转化水平和效率，提升产业集中度，为用户节约用能成本。

（3）应用多能互补技术，实现能源供应的安全性和经济性的平衡管理，实现多种能源的平衡管理。

5.2　解决方案

5.2.1　新建园区

新建园区的负荷需求体量大、种类多，负荷在时间分布上存在一定的互补特性，推荐以下五种服务方案。

1. 服务方案一

（1）技术方案。

1）综合能效服务：余热余压利用 + 客户能效管理。

2）供冷供热供电多能服务：冷热电三联供技术 + 水源、地源、空气源热泵技术 + 工业余热热泵技术 + 蓄热式电锅炉技术 + 蓄冷式空调技术。

3）分布式清洁能源服务：分布式风力发电。

4）专属电动汽车：电动汽车租赁服务 + 充电站建设服务 + 充电设施运维服务。

（2）商业模式：能源托管模式。

（3）适用场景及效果。该服务方案适用于具有集中大规模供冷、供热以及电力需求、有电动汽车使用和充电需求、能效提升需求以及能源监测和环境控制等需求的园区。同时，风力资源丰富并具有足够的无遮挡空间、具有满足配置热泵要求的资源环境和空间条件，具有余热余压资源以及充足燃气供给。该方案可有效利用风能资源、环境热源和废弃能源，减少化石能源和市电的消耗，降低二氧化碳和污染物排放，具有较好的环保性。应用环境热源和工业余热的热泵技术，充分利用可再生资源和余热资源，提高了综合能源利用效率，具有较好的节能效果。利用余热余压和冷热电三联供技术，实现能量的梯级利用，可进一步提升能源利用效率。装设蓄冷式中央空调和蓄热式电锅炉，用户可以充分利用峰谷电差价，具有很高的经济性。通过提供电动汽车租赁、充电站建设以及充电运维服务，可满足用户的电动汽车使用和充电需求。

2. 服务方案二

（1）技术方案。

1）供冷供热供电多能服务：冷热电三联供技术 + 水源、地源、空气源热泵

技术 + 蓄热式电锅炉技术 + 蓄冷式空调技术。

2）专属电动汽车：电动汽车租赁服务 + 充电站建设服务 + 充电设施运维服务。

（2）商业模式：建设—拥有—运营（BOO）。

（3）适用场景及效果。该服务方案适用于具有集中大规模供冷、供热以及电力需求、有电动汽车使用和充电需求、能效提升需求的园区。同时，风力和太阳能资源不丰富或不具有足够的无遮挡空间、具有满足配置热泵要求的资源环境和空间条件、具有充足燃气供给。该方案可有效利用环境热源，减少化石能源和市电的消耗，降低二氧化碳和污染物排放，具有较好的环保性。应用热泵技术，提高了综合能源利用效率，具有较好的节能效果。利用冷热电三联供技术，实现能量的梯级利用，可进一步提升能源利用效率。装设蓄冷式中央空调和蓄热式电锅炉，用户可以充分利用峰谷电差价，具有很高的经济性。通过提供电动汽车租赁、充电站建设以及充电运维服务，可满足用户的电动汽车使用和充电需求。

3. 服务方案三

（1）技术方案。

1）综合能效服务：余热余压利用。

2）供冷供热供电多能服务：冷热电三联供技术 + 水源、地源、空气源热泵技术 + 工业余热热泵技术 + 蓄热式电锅炉技术 + 蓄冷式空调技术。

3）专属电动汽车：电动汽车租赁服务 + 充电站建设服务 + 充电设施运维服务。

（2）商业模式：建设—运营—移交（BOT）。

（3）适用场景及效果。该服务方案适用于具有集中大规模供冷、供热以及电力需求、有电动汽车使用和充电需求、能效提升需求的园区。同时，风力和太阳能资源不丰富或不具有足够的无遮挡空间、具有满足配置热泵要求的资源环境和空间条件、具有余热余压资源以及充足燃气供给。该方案可有效利用环境热源和废弃能源，减少化石能源和市电的消耗，降低二氧化碳和污染物排放，具有较好的环保性。应用环境热源和工业余热的热泵技术，充分利用可再生资源和余热资源，提高了综合能源利用效率，具有较好的节能效果。利用余热余压和冷热电三联供技术，实现能量的梯级利用，可进一步提升能源利用效率。

装设蓄冷式中央空调和蓄热式电锅炉，用户可以充分利用峰谷电差价，具有很高的经济性。通过提供电动汽车租赁、充电站建设以及充电运维服务，可满足用户的电动汽车使用和充电需求。

4. 服务方案四

（1）技术方案。

1）综合能效服务：余热余压利用。

2）供冷供热供电多能服务：水源、地源、空气源热泵技术 + 工业余热热泵技术 + 蓄热式电锅炉技术 + 蓄冷式空调技术。

3）分布式清洁能源服务：分布式风力发电。

4）专属电动汽车：电动汽车租赁服务 + 充电站建设服务 + 充电设施运维服务。

（2）商业模式：建设—运营—移交（BOT）。

（3）适用场景及效果。该服务方案适用于具有集中大规模供冷、供热以及电力需求、有电动汽车使用和充电需求、能效提升需求的园区。同时，风力资源丰富且具有足够的无遮挡空间、具有配置热泵的资源环境要求和空间条件以及具有余热余压资源。该方案可有效利用风能资源、环境热源和废弃能源，减少化石能源和市电的消耗，降低二氧化碳和污染物排放，具有较好的环保性。应用环境热源和工业余热的热泵技术，充分利用可再生资源和余热资源，提高了综合能源利用效率，具有较好的节能效果。利用余热余压技术，实现能量的梯级利用，可进一步提升能源利用效率。通过蓄冷式中央空调和蓄热式电锅炉，用户可以充分利用峰谷电差价，具有很高的经济性。通过提供电动汽车租赁、充电站建设以及充电运维服务，可满足用户的电动汽车使用和充电需求。

5. 服务方案五

（1）技术方案。

1）供冷供热供电多能服务：水源、地源、空气源热泵技术 + 工业余热热泵技术 + 蓄热式电锅炉技术 + 蓄冷式空调技术。

2）分布式清洁能源服务：分布式风力发电。

3）专属电动汽车：电动汽车租赁服务 + 充电站建设服务 + 充电设施运维服务。

（2）商业模式：建设—运营—移交（BOT）。

（3）适用场景及效果。该服务方案适用于具有集中大规模供冷、供热以及电力需求、有电动汽车使用和充电需求、能效提升需求的园区。同时，风力资源丰富且具有足够的无遮挡空间、具有满足配置热泵要求的资源环境和空间条件以及具有余热资源。该方案可有效利用环境热源和废弃能源，减少化石能源和市电的消耗，降低二氧化碳和污染物排放，具有较好的环保性。应用环境热源和工业余热的热泵技术，充分利用可再生资源和余热资源，提高了综合能源利用效率，具有较好的节能效果。装设蓄冷式中央空调和蓄热式电锅炉，用户可以充分利用峰谷电差价，具有很高的经济性。通过提供电动汽车租赁、充电站建设以及充电运维服务，可满足用户的电动汽车使用和充电需求。

5.2.2 在运园区

与新建园区不同，受到已有建筑空间和已有供能方式的限制，在运园区多采用改造的方式，推荐以下五种服务方案。

1. 服务方案一

（1）技术方案。

1）综合能效服务：配电网节能改造 + 余热余压利用 + 客户能效管理。

2）供冷供热供电多能服务：冷热电三联供技术 + 水源、地源、空气源热泵技术 + 工业余热热泵技术 + 蓄热式电锅炉技术 + 蓄冷式空调技术。

3）分布式清洁能源服务：分布式风力发电。

4）专属电动汽车：电动汽车租赁服务 + 充电站建设服务 + 充电设施运维服务。

（2）商业模式：合同能源管理（EMC）、能源托管模式。

（3）适用场景及效果。该服务方案适用于具有集中大规模供冷、供热以及大量电力需求、有电动汽车使用和充电需求、能效提升需求以及能源监测和环境控制等需求的园区。同时，风力资源丰富并具有足够的无遮挡空间、具有满足配置热泵要求的资源环境和空间条件、具有余热余压资源以及充足燃气供给。该方案可有效利用风能资源、环境热源和废弃能源，减少化石能源和市电的消耗，降低二氧化碳和污染物排放，具有较好的环保性。应用环境热源和工业余热的热泵技术，充分利用可再生资源和余热资源，提高了综合能源利用效率，具有较好的节能效果。利用余热余压和冷热电三联供技术，实现能量的梯级利用，可进一步提升能源利用效率。装设蓄冷式中央空调和蓄热式电锅炉，用户可以充分利用峰谷电差价，具有很高的经济性。通过配电网节能改造，降低电网损耗，保障电力供给的稳定和安全。通过提供电动汽车租赁、充电站建设以及充电运维服务，可满足用户的电动汽车使用和充电需求。

2. 服务方案二

（1）技术方案。

1）综合能效服务：配电网节能改造。

2）供冷供热供电多能服务：冷热电三联供技术 + 水源、地源、空气源热泵技术 + 蓄热式电锅炉技术 + 蓄冷式空调技术。

3）专属电动汽车：电动汽车租赁服务 + 充电站建设服务 + 充电设施运维服务。

（2）商业模式：建设—拥有—运营（BOO）。

（3）适用场景及效果。该服务方案适用于具有集中大规模供冷、供热以及大量电力需求、有电动汽车使用和充电需求、能效提升需求的园区。同时，风力和太阳能资源不丰富或不具有足够的无遮挡空间、具有配置热泵的资源环境要求和空间条件、具有充足燃气供给。该方案可有效利用环境热源，减少化石能源和市电的消耗，降低二氧化碳和污染物排放，具有较好的环保性。应用环境源热泵技术，提高了综合能源利用效率，具有较好的节能效果。利用冷热电三联供技术，实现能量的梯级利用，可进一步提升能源利用效率。装设蓄冷式中央空调和蓄热式电锅炉，用户可以充分利用峰谷电差价，具有很高的经济性。通过配电网节能改造，降低电网损耗，保障电力供给的稳定和安全。通过提供电动汽车租赁、充电站建设以及充电运维服务，可满足用户的电动汽车使用和充电需求。

3. 服务方案三

（1）技术方案。

1）综合能效服务：配电网节能改造 + 余热余压利用。

2）供冷供热供电多能服务：冷热电三联供技术 + 水源、地源、空气源热泵技术 + 工业余热热泵技术 + 蓄热式电锅炉技术 + 蓄冷式空调技术。

3）专属电动汽车：电动汽车租赁服务 + 充电站建设服务 + 充电设施运维服务。

（2）商业模式：建设—运营—移交（BOT）。

（3）适用场景及效果。该服务方案适用于具有集中大规模供冷、供热以及大量电力需求、有电动汽车使用和充电需求、能效提升需求的园区。同时，风力和太阳能资源不丰富或不具有足够的无遮挡空间、具有配置热泵的资源环境要求和空间条件、具有余热余压资源以及充足燃气供给。该方案可有效利用环境热源和废弃能源，减少化石能源和市电的消耗，降低二氧化碳和污染物排放，具有较好的环保性。应用环境热源和工业余热的热泵技术，充分利用可再生资源和余热资源，提高了综合能源利用效率，具有较好的节能效果。利用余热余压和冷热电三联供技术，实现能量的梯级利用，可进一步提升能源利用效率。装设蓄冷式中央空调和蓄热式电锅炉，用户可以充分利用峰谷电差价，具有很高的经济性。通过配电网节能改造，降低电网损耗，保障电力供给的稳定和安全。通过提供电动汽车租赁、充电站建设以及充电运维服务，可满足用户的电动汽车使用和充电需求。

4. 服务方案四

（1）技术方案。

1）综合能效服务：配电网节能改造。

2）供冷供热供电多能服务：冷热电三联供技术 + 水源、地源、空气源热泵技术 + 工业余热热泵技术 + 蓄热式电锅炉技术 + 蓄冷式空调技术。

3）专属电动汽车：电动汽车租赁服务 + 充电站建设服务 + 充电设施运维服务。

（2）商业模式：建设—运营—移交（BOT）。

（3）适用场景及效果。该服务方案适用于具有集中大规模供冷、供热以及大量电力需求、有电动汽车使用和充电需求、能效提升需求的园区。同时，风力和太阳能资源不丰富或不具有足够的无遮挡空间、具有配置热泵的资源环境要求和空间条件、具有余热资源和充足燃气供给。该方案可有效利用环境热源和废弃能源，减少化石能源和市电的消耗，降低二氧化碳和污染物排放，具有较好的环保性。应用环境热源和工业余热的热泵技术，充分利用可再生资源和余热资源，提高了综合能源利用效率，具有较好的节能效果。利用冷热电三联供技术，实现能量的梯级利用，可进一步提升能源利用效率。通过蓄冷式中央空调和蓄热式电锅炉，用户可以充分利用峰谷电差价，具有很高的经济性。通过配电网节能改造，降低电网损耗，保障电力供给的稳定和安全。通过提供电动汽车租赁、充电站建设以及充电运维服务，可满足用户的电动汽车使用和充电需求。

5. 服务方案五

（1）技术方案。

1）综合能效服务：余热余压利用。

2）供冷供热供电多能服务：冷热电三联供技术 + 水源、地源、空气源热泵技术 + 工业余热热泵技术 + 蓄热式电锅炉技术 + 蓄冷式空调技术。

3）专属电动汽车：电动汽车租赁服务 + 充电站建设服务 + 充电设施运维服务。

（2）商业模式：建设—运营—移交（BOT）。

（3）适用场景及效果。该服务方案适用于具有集中大规模供冷、供热以及电力需求、有电动汽车使用和充电需求、能效提升需求的园区。同时，风力和太阳能资源不丰富或不具有足够的无遮挡空间、具有配置热泵的资源环境要求和空间条件、具有条件较好的配电网络、具有余热余压资源以及充足燃气供给。该方案可有效利用环境热源和废弃能源，减少化石能源和市电的消耗，降低二氧化碳和污染物排放，具有较好的环保性。应用环境热源和工业余热的热泵技术，充分利用可再生资源和余热资源，提高了综合能源利用效率，具有较好的节能效果。利用余热余压和冷热电三联供技术，实现能量的梯级利用，可进一步提升能源利用效率。装设蓄冷式中央空调和蓄热式电锅炉，用户可以充分利用峰谷电差价，具有很高的经济性。通过提供电动汽车租赁、充电站建设以及充电运维服务，可满足用户的电动汽车使用和充电需求。

5.3 案例

5.3.1 天津市某呼叫中心复合型绿色能源网项目

1. 项目概况

天津市某呼叫中心一期工程总建筑面积 14.22 万 m^2，共有十栋建筑单体，分生产和后勤两大功能区。生产核心区由 1~5 号研发楼组成，主要有呼叫中心、运行监控中心和公共服务楼一；后勤辅助区由 6~10 号研发楼组成，主要有公共服务楼二和换班宿舍。二期建筑有两栋建筑单体，主要是呼叫中心。

园内传统能源利用率低，供能方式单一，传统能源的供给不满足南北园区建设要求。只有建设园区型绿色能源网，通过对园区实行能源综合调度、能量管理及信息流驱动能量流的方式才能满足国家电网公司在能源方面对园区建设提出的高定位和目标，实现能源供应的安全性、经济性和示范性。

（1）中心概况。园区所处地区的市政设施（集中供热和燃气供应）尚不完善，为保证园区顺利投入使用，园区建筑空调用能只能依靠电力转换。传统的电力转换方式将增加配电容量，增加电力负荷的峰谷差。在园区规划设计之初，便将能源网作为园区能源供应方案。故园区能够满足建设能源网所需的全部硬件条件。

（2）电价。平均电价按 0.9003 元 /kWh 计算，天津 1 ～ 10kV 一般工商业及其他电价见表 5-1。

表 5-1　天津 1 ～ 10kV 一般工商业及其他电价表

分类	电价（元 /kWh）	对应时段
峰	1.3458	8 ：00 ~ 11 ：00，18 ：00 ~ 23 ：00
平	0.9003	7 ：00 ~ 8 ：00，11 ：00 ~ 18 ：00
谷	0.4748	23 ：00 ~ 7 ：00

2. 项目技术方案

（1）负荷需求分析。本工程由市政提供四路独立的 10kV 电源，一期配电容量 24200kVA，最大电负荷 13878kW。一期总冷负荷约为 12000kW，总热负荷约为 7600kW，最大热水负荷约为 3200kW。

（2）项目规划内容。绿色复合型能源网由 9 个子系统构成，包含：①光伏发电系统；②风力发电系统（一期能源网运行调控平台具备风电调控能力，此系统二期实施）；③光储微电网系统；④地源热泵系统；⑤冰蓄冷空调系统；⑥蓄热式电锅炉系统；⑦太阳能空调系统；⑧太阳能热水系统；⑨能源网运行调控平台子系统。其中地源热泵系统、冰蓄冷空调系统、蓄热式电锅炉系统、太阳能空调系统、太阳能热水系统构成冷热源，满足园区制冷、供暖和生活热水需求。光伏发电系统、风力发电系统作为市政供电的补充，为园区提供电能；光伏发电系统一部分与储能系统构成微电网，进一步提高园区内重要负荷的供电可靠性。能源网运行调控平台对园区冷、热、电、热水、光储微网系统进行运行监测、智能学习和智能调控，实现多种能源合理、协调、优化配置，最终实现园区内多种能源的安全、经济运行。具体参数如下：

1）光伏发电系统。太阳能光伏电站为用户侧屋顶光伏电站，位于天津市东丽区内，利用园区内 8 座建筑物及连廊的闲置屋顶建设光伏电站，采用 3580 块 245 W（峰值功率）多晶硅光伏组件，装机总容量为 877.1 kW。

2）光储微电网系统。采用 50 kW × 4 h 铅酸蓄电池储能系统，接入公共服务楼一的配电网。储能单元与分布式发电单元协调控制，储能系统与负荷协调控制，提供多种能量管理策略，保证能源利用最优。

3）空调冷热源系统。空调冷热源系统采用多能源组合的复合式能源系统。在 4 号研发楼地下室设置集中能源中心，为一期 1~9 号研发楼和二期研发楼提供空调冷热源。地源热泵系统配置三台螺杆式地源热泵机组。地源热泵系统的地埋管换热器设置在基地西侧的室外空地内。冰蓄冷系统配置两台双工况离心式冷水机组及不完全冻结式冰盘管内融冰蓄冰装置。冬季采用蓄热型电热锅炉供热系统供热。供热系统与卫生加热系统共用 4 台 2070 kW 电锅炉，配套 4 组 15000 × 9000 × 5000 mm 不锈钢蓄热水箱。太阳能空调系统是公共服务楼二的空调系统冷热源。在公共服务楼二的屋面上设置占地面积约 1350 m^2 的太阳能集热器，集热器从太阳光中获取能量，通过高温导热油输送至空调设备。

4）生活热水系统。园区生活热水系统尽可能地采用太阳能、空气能等可再生能源，低谷电等倡导能源，采用多能源组合的复合式能源系统。3 号研发楼太阳能热水系统与能源中心蓄热式电锅炉并联协调运行为园区 1~9 号研发楼集中提供生活热水；能源中心卫生热水和空调供热系统联合选用 4 台功率为 2070 kW 的承压电热水锅炉，并配 4 台总储水量为 2700 m^3 的蓄热水箱。

5）绿色能源网运行监控平台。为了对光伏发电系统、光储微电网系统、空调冷热源系统和生活热水系统进行有效控制，达到节能、减排、安全、经济运行的目的，需要在能源供应和需求之间建立一个运行监控平台。

3. 项目商业模式及实施流程

（1）项目商业模式。国网（天津）综合能源服务公司作为综合能源服务商，采用规划—投资—建设—运营的一体化综合能源服务模式，负责该复合型绿色能源网能源供应系统的规划、投资、建设，以及园区内蓄热式电锅炉、热泵、冰蓄冷等综合能源系统的运营服务。该呼叫中心作为客户，按计量方式向国网（天津）综合能源公司支付冷、热、电、热水等全部能源费用。项目设备配置情况见表 5–2。

表 5–2 项目设备配置情况

序号	系统名称	系统容量
1	太阳能光伏发电	总容量 877.1 kW
2	光储微电网	铅酸蓄电池：50 kW × 4 h
3	地源热泵	340 TR × 3 台
4	太阳能空调	制冷量 870 kW，供暖制热量 560 kW，热水制热量 250 kW
5	冰蓄冷系统	双工况离心式冷水机组 900 TR × 2 台；蓄冰容量 10 000 RTH
6	蓄热式电锅炉	4 台 2070 kW 电热锅炉，总容量 2700 m^3 蓄热水箱
7	太阳能热水系统	300 t/d（1 ~ 9 号楼）+20 t/d（10 号楼）热水供应能力
8	能源网调控平台	

注：数据来源于工程实例。

（2）项目实施流程。

2013 年 1 月 ~ 2014 年 7 月，绿色复合型能源网调研、概念设计、可行性分析、方案设计。

2014 年 8 月，绿色复合型能源网招标，能源网各子系统深化设计。

2014 年 9 ~ 10 月，光伏发电系统基础施工，地源热泵系统打井施工，冰蓄冷空调、蓄热式电锅炉基础施工，能源网运行调控平台需求调研、界面设计、概要设计。

2014 年 10 月，能源网各子系统设备进场。

2014 年 10 月 ~ 2015 年 2 月，冷热源系统机房设备安装。光伏发电、太阳能空调、太阳能热水、光储微电网系统安装，能源网运行调控平台软件开发。

2015 年 1 ~ 2 月，地源热泵、冰蓄冷空调、蓄热式电锅炉安装。光伏发电、太阳能空调、太阳能热水、光储微电网系统调试。能源网运行调控平台软件测试。

2015 年 3 ~ 4 月，冷热源系统整体测试。能源网运行调控平台软件系统实施。

2015 年 5 月，绿色复合型能源网系统联网运行。

4. 项目运营效果

（1）运行情况。通过建设绿色复合型能源网，实现可再生能源、节能技术、电能替代技术的规模化应用。2017 年绿色复合型园区用电量见表 5-3。供冷、供热设备逐月运行情况以及园区光伏系统发电量分别如图 5-1~ 图 5-3 所示。

表 5-3　　2017 年绿色复合型园区用电量

日期	1 月总计	2 月总计	3 月总计	4 月总计	5 月总计	6 月总计	7 月总计	8 月总计	9 月总计	10 月总计	11 月总计	12 月总计	总计
用电量（MWh）	2275	1996	1501	1133	1278	1478	1904	1785	1522	1314	1705	2591	20482

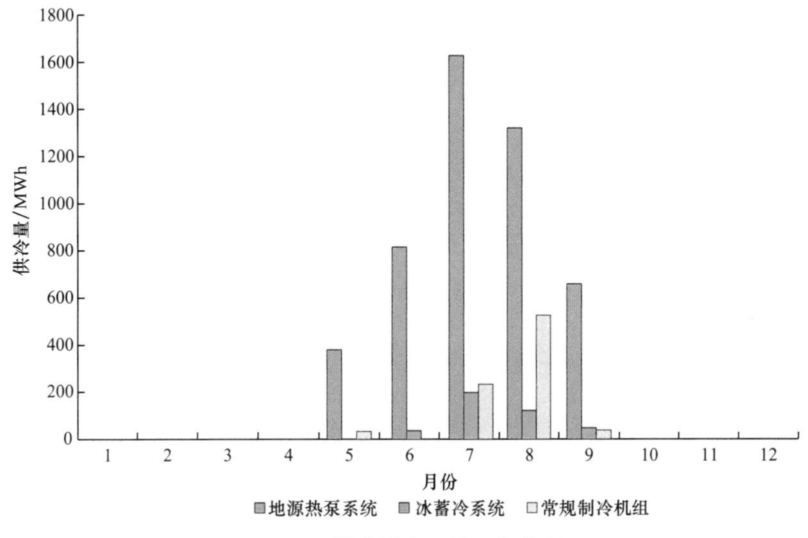

图 5-1　供冷设备逐月运行情况

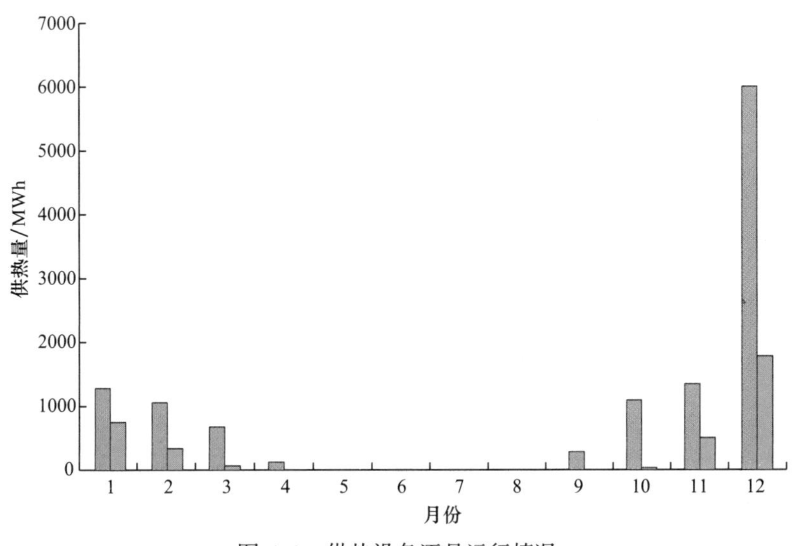

图 5-2　供热设备逐月运行情况

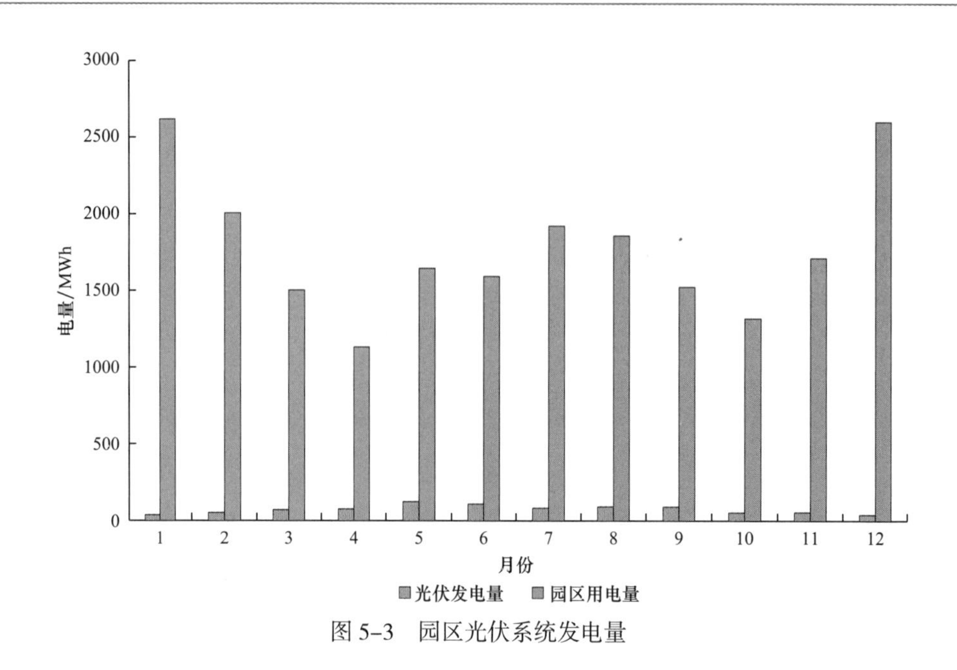

图 5-3 园区光伏系统发电量

（2）效益分析。综合能源系统中配置的各种供能机组的耗电率对比见表5-4。

表 5-4 配置的各种供能机组的耗电率对比

序号	制冷机组型式	标准工况制冷系数	制冷系统耗电率	辅机耗电率
1	离心式制冷机组	5.4	18.8%	6%
2	地源热泵机组	7.5	13%	6%
3	双工况制冷	5.0	20%	6%
4	双工况制冰	3.5	28.6%	4.5%
5	蓄冷融冰	0	0	5%

注 数据来源于工程实例。

根据国家能源局最新的数据资料统计，2013 年我国的供电煤耗为 321 g/kWh。即每节约 1 kWh 电量，相当于节省 321 g 标准煤。火力发电厂的排放统计数值 CO_2 为 997 g/kWh、SO_2 为 6.64 g/kWh、NO_x 为 3.68 g/kWh。即每节约 1kWh 电量，相当于减排 CO_2 997g、SO_2 6.64g、NO_x 3.68g。

通过建设绿色复合型能源网，实现可再生能源、节能技术、电能替代技术的规模化应用。该项目预计每年节约电力 1695.7kW，节约电量 1100.2 万 kWh，转移高峰负荷 1026.2kW，填谷 1146.0kW，削峰填谷电量达 140.9 万 kWh。节省运行费用 987.7 万元 / 年。每年折合节约标准煤 3 531.7 t，减排 CO 10969.0 t，SO_2 73.05t，NO_x 40.49t。项目在取得显著经济、环境效益的同时具有良好的示范、推广效应。

下面分别介绍绿色复合型能源网各子系统节约电力电量效果。

1）光伏发电系统。经济效益：光伏发电系统容量约为 877.1 kW，该园区本期配电容量 24200 kVA，最大电负荷 13878 kW。光伏容量只占最大电负荷的 6.32%，光伏发出的电量可在园区内部完全消纳。

按照天津地区太阳辐射资源测算，本系统年利用小时数为 1221 h。25 年年均发电 $877.1 \times 1221 \times 10^{-4}=107.1$ 万 kWh。25 年总发电量约为 2 677.44 万 kWh。按光伏发电系统每天运行 10h，全年运行 365 天测算，每天可节约电能约 $107.1 \times 10^4/365=2934$ kWh。

按园区用电综合电价 1.067 元 /kWh（考虑光伏发电时段处在用电高峰及平峰时段进行综合电价测算）计算，园区每年可节约电费 114.28 万元；分布式光伏发电项目的电价补贴标准为 0.42 元 /kWh，每年可获得 44.98 万元补贴，两者合计光伏发电系统每年可获得收益 159.26 万元。按光伏系统总投资 1247 万元计算，投资回本年限为 7.83 年，而光伏系统实际寿命在 25 年以上，因此在投资回收后还能继续获得稳定的投资收益。

节能减排效果：园区设置的光伏发电装置，每年发电 107.1 万 kWh，可节约标准煤 343.78t。每年可减排 CO_2 1067.8t、SO_2 7.10t、NO_x 3.74t。

2）光储微电网系统。就本项目而言，光伏发电容量远低于负荷需求，光伏产生的电力完全可在园区范围内消纳，所以就园区整体而言，没有设置储能的必要。在此不讨论其经济效益。但光伏发电系统与储能系统配合构成光储微电网，有示范意义。微电网是有分布式电源的配电子系统，是一个预先设计好的孤岛，同时又与大电网构成有机整体，可以灵活地连接或断开，既可与大电网联网运行，也可在电网故障或需要时与主网断开单独运行，维持所有或部分重要用电设备的供电。微电网有助于电网大规模地容纳分布式能源的接入，并使电网中的各个环节（包括发电系统、储能系统和电力用户等）实现优化的自适应互动，使电网更加高效、安全、可靠，从而为实现能源结构的重大变革提供基础，成为未来能源生产、传输、分配和利用的主体。

为了积累太阳能微电网的建设、运行、管理经验，在本项目中提出建设微电网应用示范，对国家电网有限公司作为行业主管部门促进太阳能和智能电网的建设具有十分重要的意义。从园区总体来看，光伏发电负荷远小于实际用电负荷，但对于分布式光伏发电，各接入点处对应的终端负荷可能与光伏的发电容量难以完全匹配，如不设置储能系统，当分布式光伏发电容量出现富裕时，将通过接入点处的 10 kV/0.4 kV 变压器进入园区内的 10 kV 配电网，送至其他负荷端。为了探索微电网的运行状况和控制方式，在公共服务楼一处，选择两组太阳能光伏发电装置、两套储能装置（锂电池和铅酸蓄电池各一组）、终端负载构成一个微电网，通过园区能源调控平台，研究微电网的运行调度方式，积累微电网建设管理经验，对智能电网和分布式电源的发展具有重大的指导意义。

3）地源热泵系统。地源热泵系统每年制冷供暖共节电 575.9 万 kWh，节省运行费用 518.5 万元。节约电力 208 kW。

制冷季：地源热泵机组比离心式制冷机组效率高，耗电率比离心式制冷机组低 5.8%，地源热泵机组总制冷容量 3585 kW，从而使得地源热泵耗电功率比常规空调系统低 $0.058\times3585=208$ kW，对应节约电量 59.9 万 kWh（按制冷季 4 个月计算，地源热泵承担基载负荷，节电量 $=208\times4\times30\times24\times10^{-4}=59.9$ 万 kWh）。按平均电价 0.9003 元 /kWh 计算，每制冷季节约电费 $0.9003\times59.9=53.9$ 万元。

供暖季：由于地源热泵的供热机理与电锅炉供热机理不同，地源热泵系统的节电优势更加显著。地源热泵系统供暖按 COP 4.0 计算，每供暖季可节约电量 516 万 kWh（与电热锅炉相比，地源热泵系统供热效率低，供热效率为 75%。本项目配置的地源热泵机组制热总功率为 3801 kW，满负荷运行节约的电负荷为 2851 kW，按冬季满负荷运行 1810 h 计算，每年节电量 516 万 kWh）。平均电价按 0.9003 元 /kWh 计算，地源热泵供热比直热式电锅炉每供暖季节省运行费用 464.6 万元。

4）冰蓄冷系统。冰蓄冷蓄冰总容量 35160kWh（10000RTH），按制冷季运行 4 个月、基载空调制冷系数 0.245 计算，每年削峰填谷电量达 $35160\times4\times30\times0.245\times10^{-4}=103.4$ 万 kWh。按负荷高峰时段冰蓄冷最大放冷量

4188.75kW 计算，转移高峰负荷 4188.75 × 0.245=1026.2kW。按负荷低谷时段冰蓄冷蓄冰量 4677.61 kW 计算，填谷电力 4677.61 × 0.245=1146kW。

将融冰冷负荷全部用于高峰电价时段供冷，低谷制冰、高峰融冰供冷的价格为 0.224 元 /（kWh）（0.79 元 /RTH）；基载离心机高峰时段供冷价格为 0.334 元 /kWh（1.174 元 /RTH）。一期系统设计的蓄冰容量为 10 000 RTH，每天可节约的运行费用为（1.174–0.79）× 10000=3840 元。按天津地区实际供冷期 4 个月计算，可节约运行费用：3 840 × 4 × 30 × 10^{-4}=46.1 万元 / 年。

5）蓄热式电锅炉系统。蓄热式电锅炉采用全蓄热模式，仅低谷时段开启电锅炉蓄热，高峰和平峰时段电锅炉不运行，仅靠蓄热水箱放热。蓄热式电锅炉与电源热泵系统并联运行为园区供暖。其中地源热泵效率高，承担基础负荷；蓄热式电锅炉仅用于调峰。削峰填谷电量达 37.45 万 kWh，谷时电价 0.4748 元 /kWh。考虑蓄热损失，蓄热式电锅炉效率约 90%，与直热式电锅炉（其运行平均电费按 0.9003 元 /kWh 计算）相比，每供暖季可节省运行费用 37.45 × 0.9003–37.45/90% × 0.4748=13.96 万元。

6）太阳能空调系统。太阳能空调系统每年节约电量 57.4 万 kWh，每年可节约的运行费用约 52.76 万元。可节约标准煤 184 t；按相关排放量统计值计算，每年可减排 SO_2 3.8 t、NO_x 2.1 t。

制冷季：太阳能空调系统的总制冷容量为 350 kW，配电功率包括溴化锂设备 3 kW；循环水泵 22 kW，冷却塔 4 kW，太阳能热水循环泵 5.5 kW，合计 34.5 kW；太阳能空调主要用于白天用电高峰和平谷时段，按各运行 4 h 计算，设计日运行电费 295 元，实际供冷量 2 800 kWh。若采用风冷热泵空调机组（常规空调），350 kW 的制冷量对应的耗电量为 125 kW，设计日运行费用为 1 067 元。两者相比，太阳能空调每日可节约运行费用 772 元，按每年运行 3 个月（90 天）计算，可节约运行费 6.95 万元；对应的节约电量为 6.52 万 kWh。

供暖季：太阳能空调冬季供热容量为 210 kW，按冬季运行 4 个月计算，实际太阳能可供热量为 20.16 万 kWh（725.76 GJ）。与采用直热式电锅炉（供热效率按接近 100% 计算）相比，每供暖季节省电费 0.9003 × 20.16=18.15 万元。

过渡季生活热水：太阳能空调集热系统其他季节可用于 10 号研发楼的卫生热水供应。仍按 4 个月计算，供热容量 320 kW 计算，实际可供热量为 30.72 万 kWh（1 106 GJ），与直热式电锅炉供热相比，每年节省电费 $0.9003 \times 30.72=27.66$ 万元。

槽式集热器理论上的集热量为 7070MJ/m^2，集热器效率 60%，集热器集热面积 495 m^2，节约电能 58.3 万 kWh。

7）太阳能热水系统。本期工程研发楼采用太阳能预热的热水供应系统，在呼叫中心二楼顶安装太阳能集热器 1 620 m^2，太阳能热水年可供热 94.05 万 kWh（3386 GJ），与直热式电锅炉制备热水相比，每年可节约电量 94.05 万 kWh，按太阳能热水一天运行 10 h，一年运行 360 天计算，每小时可节约电力 $94.05 \div (10 \times 360)=261.3$ 万 kW。节省运行费用 $0.9003 \times 94.05=84.67$ 万元。可节约标准煤 302 t；按相关排放量统计值计算，每年可减排 CO_2 937.7t、SO_2 6.24t、NO_x 3.46t。天津地区年总辐射辐照量为 1 431kWh/m^2，集热器效率 40.6%，则年节省电量 94.05 万 kWh。

8）能源网运行调控平台。该园区一期配电容量为 24200 kVA，最大电负荷为 13878kW。按年最大负荷利用小时数为 1800 h 计算，年耗电量约 2 498.04 万 kWh，按能源网调控平台能够节约总耗电量 5% 保守估计测算，每年能节电 $2498.04 \times 5\%=124.9$ 万 kWh，节约电力 $13878 \times 5\%=693.9$kW。按平均电价 0.9003 元 /kWh 计算，每年节省电费 112.45 万元。可节约标准煤 401t；按相关排放量统计值计算，每年可减排 CO_2 1245.3t、SO_2 8.29t、NO_x 4.6t。

5. 项目经验总结

随着能源消耗不断增加，生态环境恶化加剧，未来要有效改善我国的大气污染状况，国家需大力推进可再生能源的开发与利用。国网公司为实现国家可持续发展战略，提出支持、欢迎、服务分布式电源发展的工作方针。为打造智能、绿色、节能型呼叫中心园区，缓解国网公司节能减排压力，满足园区高可靠性、高质量的供电需求，园区建设高可靠性的能源供给、多种能源的综合经济利用和园区高比例的清洁能源接入是必要的。

为提升服务效率和服务水平，该园区建设复合型绿色能源网示范工程，探索能源互联网的建设、运行和管理模式，为相关技术的研究、行业标准的制定提供可靠地运行经验。因此在某些项目的投资中，从经济效益来看，项目的投资回收期较长，从项目所带来的环境效益来看，项目效果是很大的，如节约标准煤消耗及由此带来的污染物排放减少、大气环境的改善等。

一个综合型综合能源服务项目的进行，不仅需要有完整的实施计划，更要有坚实的技术支撑。在本次呼叫中心综合型电能替代项目中，国网天津市电力有限公司、国网天津电力科学研究院、国网天津节能服务公司、国网国电通等单位组成项目支撑团队，由国电通承担能源网运行调控平台开发，为平台系统功能的实现提供保障。同时，还需要有专业的组织协调和充足的资金保障。

5.3.2 天津某示范区综合能源项目

1. 项目概况

天津某示范区规划范围用地面积约800万 m^2。规划面积800万 m^2（城镇建设用地650万 m^2），常住人口4万人。建设功能复合的科技服务核心区，包括软件研发中心、科技创业中心、技术交易与培训中心等，发展产业研究、创业孵化、企业管理等服务外包产业，示范区核心区示意如图5-4所示。

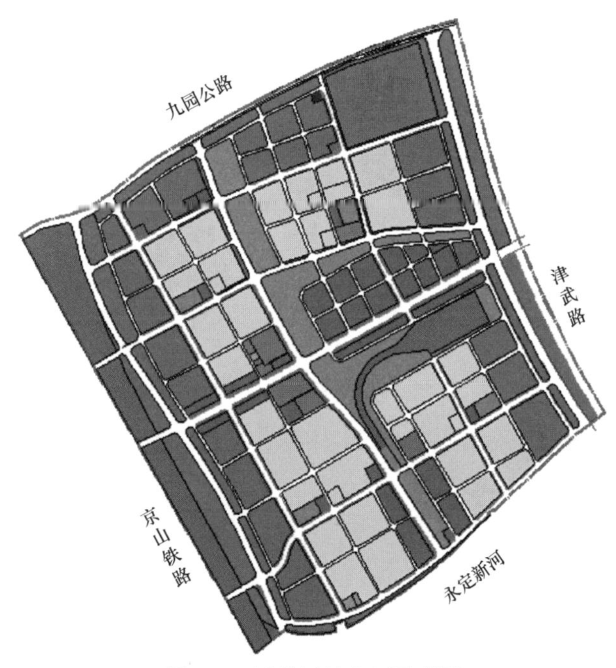

图5-4 示范区核心区示意图

2. 项目技术方案

（1）冷、热供应模式。考虑到实际情况，这里集中供热和供冷的区域为商业、研发地块的部分区域，冷、热供应方案见表5-5。

表5-5 冷、热供应方案

行业	供热	供冷
商业	燃气锅炉、三联供、地源热泵为主+蓄热式电锅炉调峰	三联供、地源热泵、冷水机组为主+冰蓄冷调峰
研发		
教育	分散式电采暖	冷水机组
居民	燃气锅炉	分体式空调

（2）容量配置。商业及研发部分供热、供冷采用三联供及地源热泵。学校供热采用分散式电采暖，供冷采用冷水机组，居住区采用燃气锅炉供热，分体式空调供冷。其他区域采用燃气锅炉及冷水机组，容量配置见表5-6。

表5-6 容量配置

供能形式	供电（MW）	供热（MW）	供冷（MW）
三联供（燃气内燃机）	24	32	32
地源热泵	–12	48	48
蓄热式电锅炉	–10	10	0
冷水机组（商业、研发、教育）	–40	0	200
燃气锅炉	0	216	0
分散式电采暖（学校）	–12	12	0
分体式空调（居民）	0	0	151.8
合计	–50	318	431.8

（3）能源站选址。A区新建2座地源热泵站，1座燃气锅炉站。B区新建2座地源热泵站，1座燃气锅炉站。C区新建3座地源热泵站，1座燃气锅炉站，1座三联供站，三联供站需独立占地，面积为8000m^2。D区新建2座地源热泵站，1座燃气锅炉站，能源站选址简图如图5-5所示。

（4）管网设计。根据能源站负荷供应原则，以双海道、双锦路为界，将核心区分为4个区块，区块内能源站间热力管网互联互通，区块间原则不交叉供

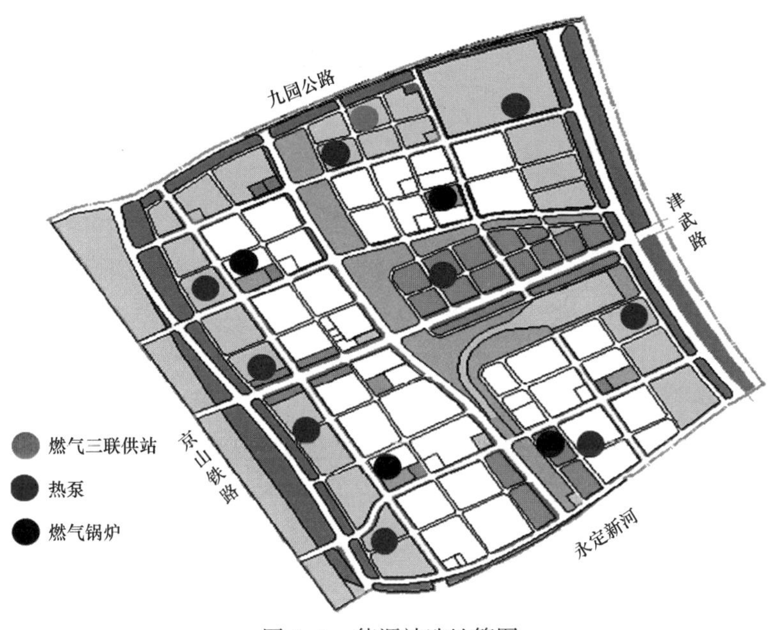

图 5-5 能源站选址简图

应，核心区不再引入外部热力管网。以地源热泵、三联供站、燃气锅炉房、冷水机组及分体式空调为主为区域提供热（冷）供应，其中三联供需考虑独立占地，占地面积约 8000m^2。同时考虑将南侧永定河水源热泵及北侧九园公路污水源热泵作为供冷、供热补充，管网架构如图 5-6 所示。

（5）天然气供应方案。天然气供应方案简图如图 5-7 所示。

1）供应天然气气源，区内现状中压管线不能满足用气需求，故需靠近气源管线规划新建高调站 1 座。

2）规划在九园公路与双立路交口附近新建高调站 1 座，气源接自北宝蓟高压，进站高压管线为 DN300，出站中压管线为 DN600，该站设计能力为 4 万 m^3/h，满足该区域、项目东侧地块及北侧地块用气需求。

3）规划高调站气源由北宝蓟计量柜经北辰—宝坻—蓟县高压提供，现状北宝蓟计量柜设计能力为 3 万 m^3/h，仅能满足现状下游用户用气需求。故为保障规划高调站气源，需对北宝蓟计量柜进行增容改造。

4）规划沿区域内双立路、双海道、双锦路、新光道、新颜道、双盈路等新 DN200-DN500 中压管线，与双海道、新光道等现状 DN300 中压管线相连接，构成区域中压管线的环状供气格局，管线参数见表 5-7。

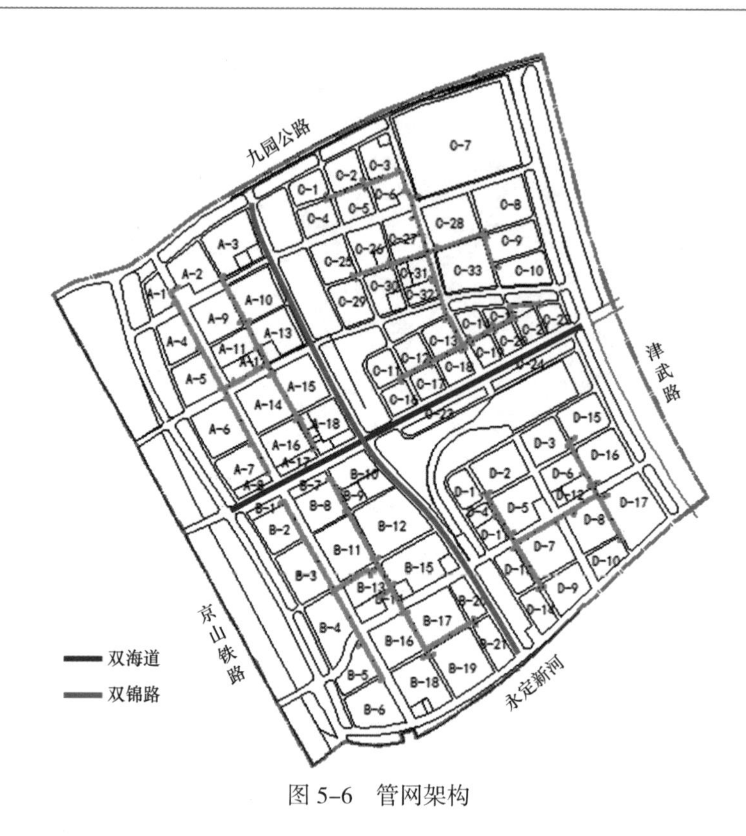

图 5-6 管网架构

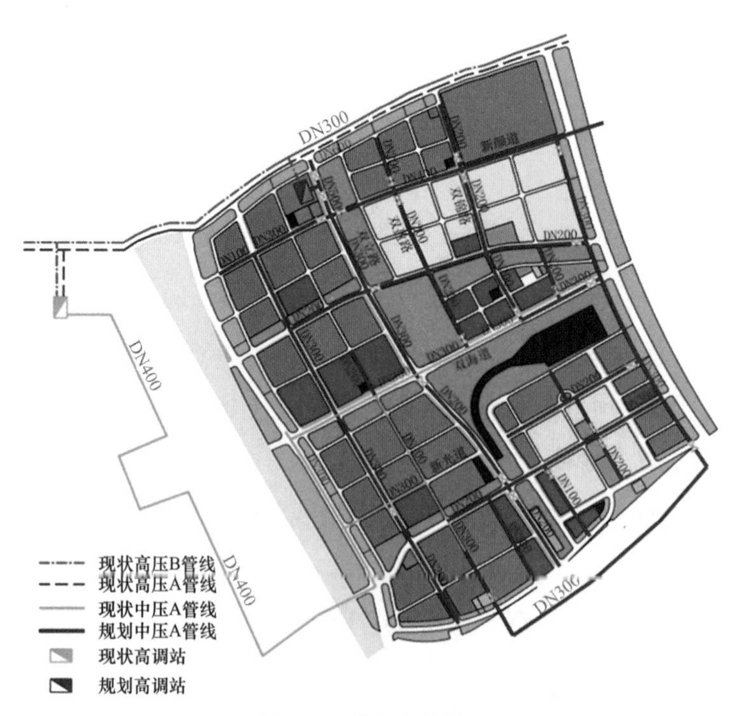

图 5-7 供应方案简图

表 5-7 管线参数

管径（mm）	DN600	DN500	DN400	DN300（高压）	DN300	DN200	DN100
长度（m）	100	300	2000	500	8600	12000	700

（6）电力负荷预测。电力负荷预测见表 5-8。

表 5-8 电力负荷预测

行业	电负荷（MW）
商业	66.66
研发	86.49
住宅	72.83
教育	8.16

（7）智能电网。

1）建设坚强网架：结合区域项目开发进度，实现配电网 100% 双环网，满足该区域用户接入需求。

2）开展配电自动化建设：推动区域配电自动化 100% 全覆盖，同步开展状态检测、主动抢修、互动服务等工作。

3）开展主动式配电网试点：选取 2 组环网，建设 2 座 10kV 交直流混联开闭站，通过网端柔性环网控制实现 2 条不同变电站 10kV 母线合环并联运行。

4）推广清洁替代：规划建设充电桩群，开展电动汽车分时租赁业务；推动校园蓄热式电锅炉建设。

（8）通信组网方案。传输骨干网采用工业以太网组网形式，接入网采用 EPON 技术，通信组网方案简图如图 5-8 所示。在各能源站布置工业以太网光纤交换机，各能源站联网组成环网；最大网速为 1000Mbit/s。基于综合能源规划方案，通信网规划估算初投资 1806 万元。

（9）综合能源服务管理平台。按照两级三层四中心的建设思路，打造综合能源服务管理平台，为用户提供经济、节能、环境、生态等多目标优化的综合能源服务。两级指整体设计，分层建设，打造区域级与用户级两级平台。三层指以能源供给网络为物质基础，以通信信息网络为神经系统，以多源大数据中心为智慧中枢，构建综合能源服务管理平台。四中心指监控中心、调度中心、能效中心和交易中心，综合能源服务管理平台如图 5–9 所示。

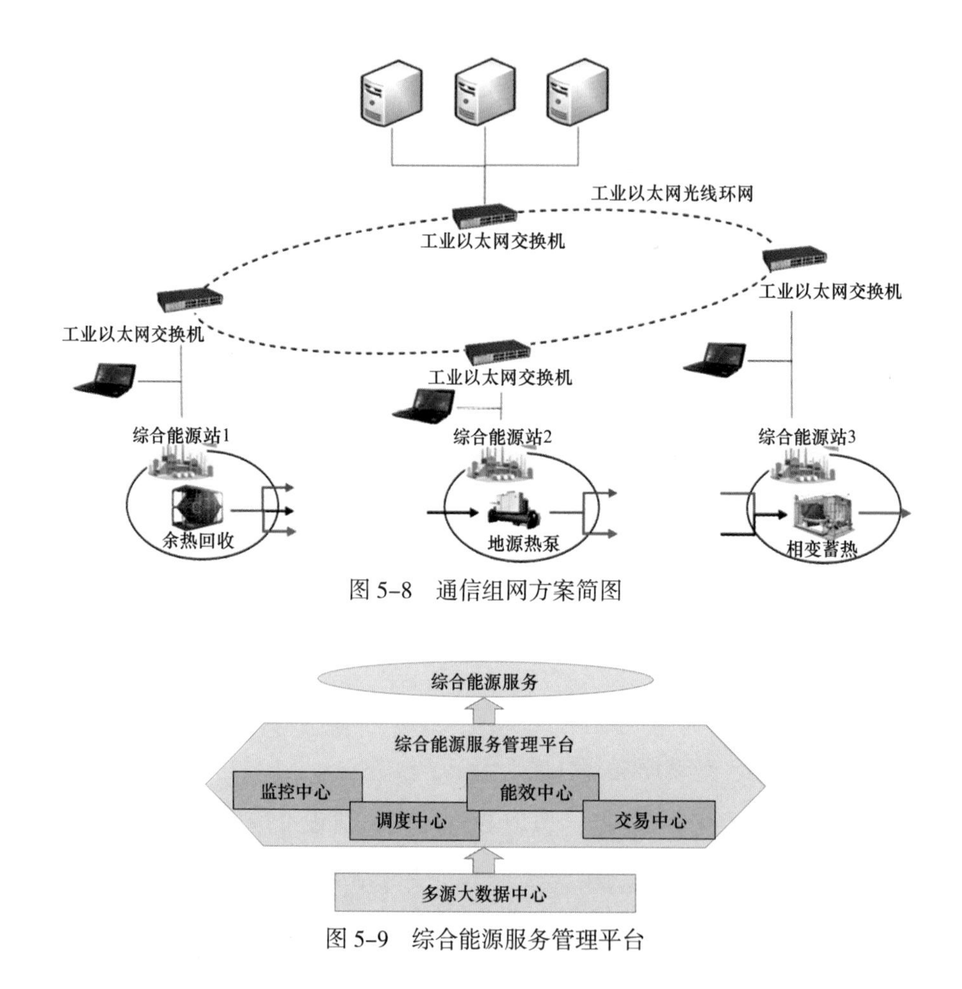

图 5–8　通信组网方案简图

图 5–9　综合能源服务管理平台

（10）多源大数据中心。多源大数据中心向下依托采集数据源获取真实的数据，通过数据挖掘、分析和多元信息融合进行知识提取和信息融合，向上为业务应用提供可靠的可用信息，同时为上层应用开发提供统一的接口和开发环境，多源大数据中心架构示意如图 5–10 所示。多源大数据中心在 4 个不同层面提供支持：①为城市综合能源服务管理平台提供数据、模型和实例支持。②为能源生产传输消费等全过程提供数据存储、分析、挖掘和管理支持。③为能源生产与消费提供分布式电源联合消纳、柔性负荷响应等决策支持。④为能源传输提供优化运行和风险决策支持。

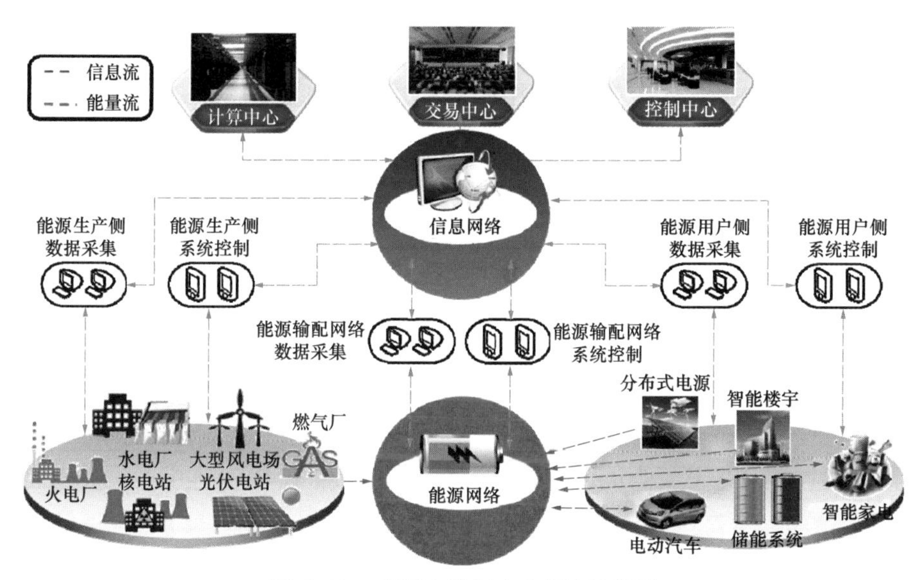

图 5-10 多源大数据中心架构示意图

3. 商业模式及实施流程

本项目采用政府出资、电力公司组织实施的模式，打造“以电为中心 + 风光储 + 平台调控”的综合能源工程，带动综合能源供应和消费模式在国家产城融合示范区全面推广应用。在推广过程中，针对不同单位的差异化用能需求，制定合理的能源服务项目商业模式。

（1）模式主体。能源服务主体主要包括能源服务公司、投资方、供应商、用户四大主体，节能服务商业模式主体如图 5-11 所示。

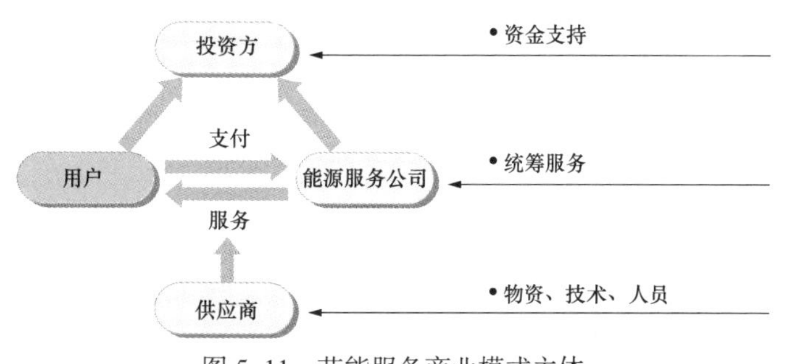

图 5-11 节能服务商业模式主体

1）能源服务公司。能源服务公司负责帮助用能单位解决能源运营改造的技术和执行问题并为用能单位联系提供专业服务的第三方机构（节能服务公司、电力公司)。用能单位在分散风险的前提下与能源服务公司合作，由节能服务公司或电力公司作为市场服务的窗口，结合用能企业需求来提供规划、设计、投资、建设、运营等服务，获得企业能源使用、能源深度利用的效益。

2)投资方。投资方在能源服务中提供资金支持，辅助能源服务项目顺利开展。投资方可以是用户、节能服务公司、电力公司或是其他企业。投资形式可以是独立出资或者合资。投资方的资金支持模式大大降低了用户的风险，加强了用户在能源服务项目上的积极性。

3)供应商。供应商为能源服务公司提供规划、设计、建设、运营等服务，主要负责用能情况诊断、项目设计、融资、建设(施工、设备安装、调试)、运行管理。供应商主要包括设计、施工、监理、设备、运行等方面的供应商。其中，设计公司支持能源前期设计，主要包括设计院、院校专业设计团队或者设计公司等；施工公司支持项目施工实施，主要包括送变电公司、外部建设公司、节能高新技术企业等；监理公司负责施工全过程监理工作，保证施工质量符合设计要求，主要有电力公司内部或外部的监理公司；设备供应商提供项目过程中的设备；运行供应商提供节能设备运行与运营服务，可以是公司内部集体企业、外部运行机构、用户。

4)用户。用户提出能源服务的具体业务需求和合作方式建议，经与能源服务公司或其他企业合作，满足用户能源需求和降低能耗的需求。

(2)实施流程。

1)规划阶段。根据需求整体规划节能方案，包括总则、规划目标、系统分析、节能措施、实施步骤、推进措施等。在总体规划的基础上，开展项目可行性研究，结合用能单位改造或新建需求形成可行性研究报告，针对项目建设地点、建设规模和建设内容、外部条件、投资情况与实施方式进行可行性研究。提出工程技术方案，根据用户需求进行规划硬件、软件、能源供应方案，包括能源设计方案、监控系统方案等。

2)设计阶段。依照规划开展改造或新建项目的详细设计，作为项目投资实施的依据。依据规划建设地点、建设规模和建设内容、外部条件、投资情况与实施方式深入建筑结构、建筑设备设计(建筑给排水设计、建筑供暖、通风、空调设计、建筑电气设计）、节能设计、技术经济分析。

3）投资阶段。最大限度实现投资方效益，科学确定项目投资结构，确保投资方和用户获得期望收益。根据项目资产的拥有形式、项目产品的分配形式、项目管理的决策方式与程序等选择投资结构。

4）建设阶段。通过招投标方式选择适合的设计、施工、监理队伍和物资供应商、运营服务商等，控制各方的前期工程阶段、施工管理阶段、竣工验收阶段和全过程的物资供应，确保能源服务项目顺利建设实施。

5）运营阶段。能源服务项目建设完成后，结合用户需要提供运营服务。项目建设完成后，依据用户需求确定项目是否转资。当设备转为用能单位自有设备时，用能单位可以自己运行，也可选择向第三方支付一定的委托运行费用从而委托第三方运行；当设备不为用能单位所有时，用能单位可以采取向运营方支付能源使用费来获取能源。

4. 项目效果分析

通过与常规供能方式对比，对综合能源供能的效益进行分析评估，供能方式对比见表 5-9。

表 5-9 供能方式对比

供能形式	行业	常规供能方案	综合能源供能方案
供热	商业和研发	市政供热	燃气锅炉、三联供、地源热泵为主＋蓄热式电锅炉调峰
	居民和教育	市政供热	居民采用燃气锅炉； 教育采用分散式电采暖
供冷	商业和研发	冷水机组	三联供、地源热泵为主＋冷水机组、冰蓄冷调峰
	居民和教育	分体式空调	居民采用分体式空调； 教育采用冷水机组
供电	—	市政为主、光伏发电为辅	市政为主、三联供和光伏发电为辅
供气	—	居民生活用气、供暖用气	居民生活用气、供暖、供冷用气

（1）投资对比。

传统供能方案投资见表 5-10、表 5-11，综合供能方案投资估算—供应商投资见表 5-12，综合供能方案投资估算—用户投资见表 5-13。

表 5-10 传统供热（冷）方案投资

<table>
<tr><th colspan="2">供能形式</th><th>设备配置</th><th>设备投资
万元</th><th>年运行费用
万元 / 年</th><th>收益
万元 / 年</th><th>净收入
万元 / 年</th><th>回收期
年</th></tr>
<tr><td rowspan="6">热（冷）</td><td rowspan="4">设备投资</td><td>冷水机组（公建）</td><td>35571.60</td><td>5174.05</td><td>9701.35</td><td>4527.29</td><td>7.86</td></tr>
<tr><td>分体式空调（居民）</td><td>43170.00</td><td>3453.60</td><td>6475.50</td><td>3021.90</td><td>14.29</td></tr>
<tr><td>燃气锅炉（公建）</td><td>86274.54</td><td>14181.38</td><td>21568.64</td><td>7387.26</td><td>1.68</td></tr>
<tr><td>公建投资合计</td><td>121846.14</td><td>19355.43</td><td>31269.99</td><td>11914.55</td><td>9.54</td></tr>
<tr><td>红线外</td><td>供热（冷）管网</td><td>8611</td><td>—</td><td>—</td><td>—</td><td>—</td></tr>
<tr><td>红线内</td><td>供热（冷）管网</td><td>24267.105</td><td>—</td><td>—</td><td>—</td><td>—</td></tr>
</table>

表 5-11 传统供电和供气方案投资

<table>
<tr><th colspan="2">供能形式</th><th>设备配置</th><th>设备投资
万元</th><th>年运行费用
万元 / 年</th><th>收益
万元 / 年</th><th>净收入
万元 / 年</th><th>回收期
年</th></tr>
<tr><td rowspan="2">气</td><td>红线外</td><td>燃气管网</td><td>4840</td><td>—</td><td>—</td><td>—</td><td>—</td></tr>
<tr><td>红线内</td><td>燃气管网</td><td>16178.07</td><td>—</td><td>—</td><td>—</td><td>—</td></tr>
<tr><td rowspan="4">电</td><td rowspan="3">红线外</td><td>变电站</td><td>13000</td><td>—</td><td>—</td><td>—</td><td>—</td></tr>
<tr><td>线路</td><td>8245.44</td><td>—</td><td>—</td><td>—</td><td>—</td></tr>
<tr><td>排管</td><td>9690</td><td>—</td><td>—</td><td>—</td><td>—</td></tr>
<tr><td>红线内</td><td>电网</td><td>59319.59</td><td>—</td><td>—</td><td>—</td><td>—</td></tr>
</table>

表 5-12　　综合供能方案投资估算—供应商投资

供能形式		设备配置	设备投资 万元	年运行费用 万元 / 年	收益 万元 / 年	净收入 万元 / 年	回收期 年
供热（冷）	设备投资	三联供（燃气内燃机）	20570.40	144.00	3311.00	3167.00	6.50
		地源热泵	17142.86	3005.32	4966.00	1960.68	8.74
		蓄冰槽	427.81	119.99	276.90	156.91	2.73
		蓄热式电锅炉	1714.29	471.33	659.20	187.87	9.12
		冷水机组（商业、研发、教育）	23529.41	3423.93	6419.88	2995.94	7.85
		燃气锅炉	21600.00	7136.16	14960.44	7824.27	2.76
		合计	84984.76	14300.73	30593.41	16292.68	5.22
	红线外	供热（冷）管网	6850	—	—	—	—
供气	红线外	燃气管网	4640	—	—	—	—
供电	红线外	变电站	13000	—	—	—	—
		线路	9239.04	—	—	—	—
		排管	11074	—	—	—	—

表 5-13　　综合供能方案投资估算—用户投资

供能形式		设备配置	设备投资 万元	年运行费用 万元 / 年	收益 万元 / 年	净收入 万元 / 年	回收期 年
供热（冷）	设备投资	分散式电采暖	2400.00	260.77	676.20	415.43	5.78
		分体式空调（居民）	43170.00	3453.60	6475.50	3021.90	14.29
		合计	45570.00	3714.37	7151.70	3437.33	20.07
	红线内	供热（冷）管网	24267.105	—	—	—	—
供气	红线内	燃气管网	16178.07	—	—	—	—
供电	红线内	电网	59319.59	—	—	—	—

（2）安全性。

1）供能可靠性提升：供电可靠性将达到 99.999%；通过天然气、供热 / 冷设备的四表合一及信息化、自动化建设，将大幅提升区域能源故障抢修效率、提升区域供能可靠性。

2）实现能源互联互通：该区域以电能为中心、以天然气及储能（冷、热、电）设备为补充，形成能源来源多样化，各种能源互联互通可以实现能源互补、提升区域能源安全性。

（3）节能性。

1）综合能源管理平台及智能家居应用程序将实现 5%~10% 的节能：当前排名前十智能家居应用程序节能效率测算普遍能达到 10%~20%；综合能源管理平台在能源生产侧、配置侧和消费侧开展多能控制，实现能源效率提升 5% 以上。

2）系统能效比提升 1.24 倍：传统方案和综合能源方案系统能效比分别为 1.44 和 3.23，综合能源方案大幅提升了区域能源利用效率。

3）应结合现状企业需求，推动冷热电三联供系统工业蒸汽的使用，以进一步提升能源利用效率。

（4）经济性。

1）能源站经济性：

电力投资：两方案均需建设 2 座 110kV 变电站。

天然气投资：两方案居民天然气投资相同；能源站天然气管网投资，综合能源方案少于常规方案，投资方为天然气公司。方案对比见表 5-14。

表 5-14 方案对比

方案	设备投资 万元	年运行费用 万元 / 年	收益 万元 / 年	净收入 万元 / 年	回收期 年
常规方案	166232.64	19355.43	31269.98	11914.55	13.98
综合能源方案	129787.98	14300.73	30593.41	16292.68	7.98

2）用户经济性。

a. 用能成本降低：用电方面，光伏项目预计发电量 772.7 万 kWh；用冷方面，用户每供冷季能源费用可降低至 30 元 /m^2；用户通过消费侧智能控制可节约 5%~10% 的能源费用支出。

b. 时间、人力成本降低：一体化供能、一站式服务，用户接入服务、缴费服务等实现 30% 以上的提速。

c. 初期投资减少：采用能源站供能，节约了大量用户分体式空调、冷水机组和自备燃气锅炉等投资。

5. 项目经验总结

综合能源方案较传统能源方案，在安全性、节能型、经济性和环保性上均具有一定优势。

（1）区域供冷供热系统或能源系统总线的管网应作为基础投资，并分摊到土地招拍挂的费用之中。

（2）在示范区采用更为灵活的价格机制和节能鼓励政策，以促进电动汽车、储能等技术推广应用。

（3）由能源公司出资建设门站至能源站的天然气管网。

（4）结合项目建设进度，合理规划综合能源站建设时序，确保能源供应与区域建设协调发展。

（5）推进数据共享，实现多领域能源大数据的集成融合、共享共用和交易服务；支持技术创新，推动产学研无缝对接。

5.3.3 天津某工业园地源热泵采暖项目

1. 项目概况

经国家五部委审查、经天津市政府批准保留工业用地 704 公顷（10 560 亩），现已征地 4 700 亩。天津某工业园一期供热面积 15 万 m^2。按照大工业电价 0.6553 元 /kWh 计算。该工业园区建设了 2 台 20t 的蒸汽锅炉对 20 万 m^2 的工业园区进行供热，每年运行 2160h，年燃煤约 10000t，年燃煤花费约 600 万元。用煤锅炉供热每年成本投入较大，人工费加上燃煤费约 800 万元，且污染较大，不利于空气治理。

2. 项目技术方案

（1）设计负荷。天津市室外、室内空气参数见表 5-15、表 5-16。

表 5-15　　天津室外空气参数

季节＼项目	干球温度 ℃	湿球温度 ℃	相对湿度 %	大气压力 kPa	室外平均风速 m/s
夏季	33.9	26.8	63	100.52	2.2
冬季	-9.6	—	56	102.71	2.4

注　数据来源于工程实例。

表 5-16　天津室内空气参数

季节＼项目	计算温度 ℃	相对湿度 %
冬季	18 ~ 20	≥ 40

注　数据来源于工程实例。

设计总热负荷为 9 087 kW，冬季集中供暖时提供进出水温度 60℃ /45℃，夏季不制冷。

（2）地源热泵系统容量配置。主机容量配置：主要设备有螺杆式压缩机 5 台，功率为 1 100 kW；14 台模块机，功率 280 kW。通过少量的电能将埋藏在地下的免费地热能释放出来，以达到节能省电的目的，改变了过去以电为主要耗能的方式，真正实现了绿色环保节能减排。

地埋管材料：一般采用聚乙烯管 PE80 或 PE100、聚丁烯 PB 管公称压力大于 1.0 MPa。

连接方式：热熔焊、电熔焊机竖直埋管布置。

竖直埋管深度一般规定：竖直孔深通常为 50~100 m，水平集管位于其他市政管道以下 1.5~2.0 m 处。竖直埋管间距通常为 3~6 m。

每个钻孔可设置一组或两组 U 形管，由于双 U 管比单 U 管仅可提高 15% ~ 20% 的换热能力，一般情况多采用单 U 形管。竖直埋管示意图如图 5-12 所示。

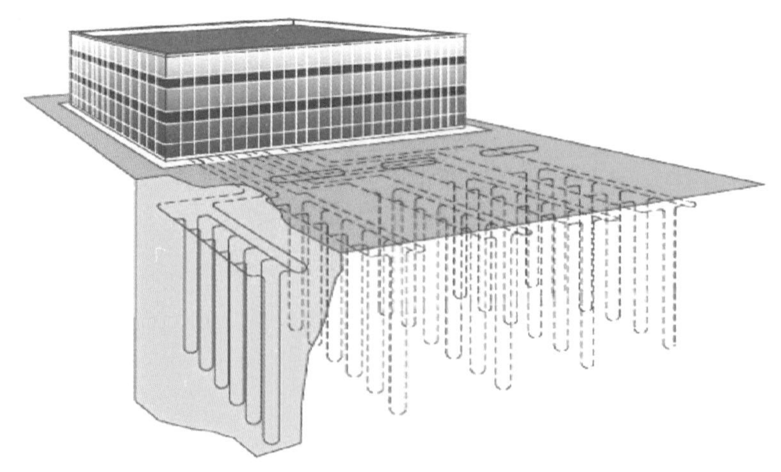

图 5-12　竖直埋管示意图

水平埋管深度一般规定：在车行道以下，不应小于 0.8 m；在非车行道以下，不应小于 0.6 m。水平埋管示意图如图 5–13 所示。

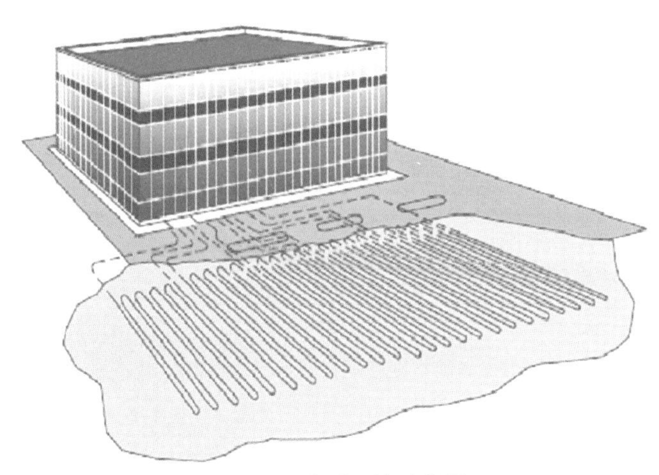

图 5–13　水平埋管示意图

（3）电力配套容量。新增 2 台 2 000 kVA、1 台 2 500 kVA 变压器。

（4）技术方案实施要求。具有夏冬空调负荷，并且年冷热负荷较接近。当地下土壤温度在 13~19℃时，土壤换热器的效果最为显著，我国大部分地区夏热冬冷较合适。当地工业园区 100 m 之内不存在坚硬地层，且存在保水性好的砂土层对地源热泵实施起来更有利。具备合适的土壤换热器布置面积。

3. 项目商业模式及实施流程

（1）项目商业模式：用户自主全资模式。

（2）项目实施流程：首先需要到建委申请批准，得到审批后，再由地热院批准，最后再进行招标施工。施工开始前，需要经过地热院的实地勘察，确定该地区热源是否满足要求，然后根据勘察结果进行项目施工。

4. 项目效果分析

（1）初始投资。初始投资包括购买设备、建造机房、打井人工费用、材料费等，约 5 000 万元。其中购买设备 2 000 万元，建造机房 200 万元，打井人工费 900 万元、材料费 900 万元，配电设施 400 万元，机房安装费 600 万元。增加 2 台 2 500kVA 变压器，初始投资为 333 元 /m^2。

（2）运行费用。在地热源热泵运行过程中，运行费用有电能消耗和人工维护消耗，电能消耗每年为 549.37 万 kWh 。电价按大工业电价 0.6553 元 /kWh 计算，则供暖成本为 360 万元。期间人工费用 100 万元。

（3）效益分析。项目经济效益：改造前，每供暖季消耗燃煤约 10000t（每吨燃煤平均热值为 500 万 kcal，按热值折算为标准煤 0.7143t），相当于消耗标准煤 7 143t，折算成电量为 2100.88 万 kWh 。每年需要花费燃煤费 600 万元，人工管理费和维修费 200 万元，全年需 800 万元。

改造后，年供暖地源热泵机组耗电量约为 549.37 万 kWh，电价按大工业电价 0.6553 元 /kWh 计算，则供暖成本为 360 万元，加上人工费 100 万元，比原来节约了 340 万元。

项目环境效益：从年节能减排量来看，改造后年节电量 1551.56 万 kWh，折合标准煤 4 981t ；年减排 CO_2 1.5469 万 t，SO_2 465.47t，NO_x 232.73t，有效减轻了当地的大气污染状况。

5. 项目经验总结

地源热泵利用地标土壤和水体所储藏的太阳能资源作为能源进行能量转换，全过程无燃烧，无污染排放，不需使用冷却塔，没有外挂机，不向周围环境排热，没有热岛效应，没有噪声，不抽取地下水，不破坏地下水资源，是一种清洁环保的利用可再生资源的技术。此外，地源热泵使用寿命长，可达到 20 年以上，是分体式或窗式空调器使用寿命的 2~4 倍，而且可由全电脑控制，性能稳定，可以进行温湿度控制和新风配送。到 2016 年天津市新增地源热泵应用面积 2 000 万 m²，因此该项目推广前景广阔，在项目实施过程中，需注意以下问题：

（1）谨慎设计项目，保证工程质量。地源热泵系统的性能好坏与当地土壤热特性密切相关，地热源的最佳间隔和深度取决于当地土壤的热物性和气候条件。而当前的地源热泵技术对于土壤的要求还相对较高，在很多地区，由于土壤特性不能达到地源热泵技术应用的要求而不能实施该技术。因此在项目设计的时候要考虑到埋管打井的位置，保证埋管打井位置不易坍塌且不破坏环境、不影响美观。

（2）借鉴经验，协调完成。总结项目执行过程中可供其他单位借鉴的成功经验，如项目实施过程中遇到的困难和问题，已经解决的成功经验等，博采众长。地源热泵技术是暖通空调技术与钻井技术相结合的综合技术，两者缺一不可，这要求工程组织者和工程技术人员能够合理协调、做好充分的技术经济分析，在项目开工前需要提前与地热院确定该地区的热源是否符合利用标准。

5.3.4 某地级市商业园区综合能源项目

1. 项目概况

某地级市商业园区位于某地级市经济新区，属于商业园区，以高铁站为核心，占地约 160 万 m²，地理位置优越，是该市下一步经济发展的关键区域。该商业园区由综合交通枢纽区、金融集聚区、商业商务区、科技研发区和公共服务区五大功能区组成。

2. 项目技术方案

该商业园区包括 3 块地，主要用途为商业和商务，建筑面积分别为 263031 m²、360648 m²、25000m²，合计 648679m²；空调面积分别为 197273 m²、280486 m²、25000m²，合计为 502759m²；冷指标分别为 150 W/m²、110 W/m²、110W/m²，热指标分别为 50 W/m²、60 W/m²、60W/m²，冷、热指标使用系数均为 0.75；冷负荷分别为 22193 kW、29740 kW、2063kW，合计 53996kW；采暖热负荷分别为 7398 kW、16222 kW、1125kW，合计 24745kW。

通过能源网运行调控平台对需求侧提前进行合理预测分析，根据不同的设定目标（经济最优、绿色最优、综合最优），通过优化算法形成调度指令下发至各子系统，实现对冷、热、热水、电能等能源基础子系统的优化配比。通过小时级的修正调整，达到综合协调多种清洁能源之间、传统能源与清洁能源之间的能源互补、转化供应，最终实现园区内多种能源安全、经济的供给。

3. 项目商业模式

本项目采用能源托管模式，该项目初期，由综合能源公司出资 10300 万元建设冷热空调系统。项目投运后，综合能源公司与商业园区签订能源托管模式合同，采用能源托管模式的方式向园区供冷供热，并代为支付电费。综合能源公司通过投资园区能源网建设（部分投资），获得能源网运营权，并依据用户的能源用量和能源单价收取冷、热、热水、电费用。综合能源服务公司对能源的购进、使用等进行全面承包管理，托管内容包括设备运行、管理和维护，人员管理，环保达标控制管理，日常所需能源燃料及运营成本控制等，并最终给客户提供能源使用。

4. 项目效果分析

2017 年全年为园区供冷 1050 万 kWh，供热 2222 万 kWh，供应热水 8.9 万 t，供电 6000 万 kWh，其中可再生能源供能占比达到 31%。2017 年实现综合能源服务收入 11000 万元，扣除运营成本、设备折旧后年度利润约 500 万元。

5. 项目经验总结

综合能源供应的难点为多种能源间的耦合与互补，该难点目前仍是各机构研究的重点与难点。综合能源供应技术要体现综合性，一是要尽可能多的涵盖目标用户的用能需求；二是在实现能源全监测的情况下，实现能源互补与经济运行。该项目跳出了常见的冷热电三联供模式，实现了以电为中心，涵盖电、冷、热、热水四种能源的供应模式，该模式可复制、可推广。

该项目集冷、热、热水、电于一体，利用绿色复合型能源调控平台，在满足园区日常供能需求的同时，实现了多种能源的合理配置，是未来发展的重要方向。项目用户主要包括政府机关、大型国有企业、酒店、商业中心、学校、医院、监狱等。该类用户的需求一般是用能安全稳定、与物业管理分工明确、能源消耗可视化、具有宣传亮点等。可以预见在平台功能完善，保障队伍成熟后该项目经验可复制到各类中小型创业园区、办公场所、居民小区、商业中心等区域，具有典型的推广及示范意义。

工业企业领域的综合能源服务解决方案

本章针对新建、在运工业企业的能源服务方案问题，分析了工业企业典型应用场景与用能需求特点、提供20种综合能源服务组合解决方案和4个案例解析，为工业企业的综合能源服务提供可复制、可推广的参考解决方案。

6.1 应用场景与用能需求特点

6.1.1 应用场景

（1）新建工业：主要包括一般生产型企业与钢铁、化工等高耗能企业。由于企业处于建设期，可参与规划、设计、建设，提供全过程综合供能服务。

（2）在运工业：主要包括一般生产型企业与钢铁、化工等高耗能企业。由于企业已建成，受场所与已有供能系统限制，仅能对部分供能设备进行施工改造，侧重于能效提升。

6.1.2 用能需求特点

（1）工业生产负荷一般负荷需求高、用能质量要求高，由于生产工艺需要，负荷具有一定的周期性和规律性。

（2）为适应工业自动化以及节能减排要求，工业企业的冷热负荷有电能替代要求。

（3）除工业生产负荷外，办公区、生活区一般具有冷热负荷及生活热水负荷需求。

（4）核心工业生产负荷、实验室等场所具有环境控制需求。

（5）作为产业单位，工业企业具有能效提升、节能降耗需求。改进工业企业的生产工艺和能源梯级利用是其能效提升和节能的重要途径。

（6）特殊产业具有工业生产用热、蒸汽需求。

（7）工业企业电力需求量巨大，具有市场化购电需求。

6.1.3 服务方案特点

（1）通过多能互补、能源调配，提升能源设备效率，实现节能降耗的需求。

（2）实现峰谷套利，同时对质量和成本进行有效控制，实现效益最大化。

（3）提高电能质量，有利于风、光等清洁能源的消纳，低碳环保。

（4）采用节能技术，提高工业企业整体能源利用效率，提高能源供给经济性。

6.2 解决方案

6.2.1 新建一般生产型企业

新建一般生产型企业具有负荷需求巨大、电能质量要求高、生产负荷具有规律性以及能效提升需求显著等特征，推荐如下服务方案。

1. 服务方案一

（1）技术方案。

1）综合能效服务：客户能效管理。

2）供冷供热供电多能服务：水源、地源、空气源热泵技术 + 工业余热热泵技术 + 蓄热式电锅炉技术 + 蓄冷式空调技术。

3）分布式清洁能源服务：分布式光伏发电 + 光伏幕墙。

4）专属电动汽车：电动汽车租赁服务 + 充电站建设服务 + 充电设施运维服务。

（2）商业模式：能源托管模式。

（3）适用场景及效果。该服务方案适用于具有集中大规模供冷和供热需求、有电动汽车使用和充电需求、有能源监测和环境控制等需求、对部分室内光线无高要求的工业企业。同时，太阳能资源丰富并具有足够的无遮挡空间、具有满足配置热泵要求的资源环境和空间条件、具有余热资源。该方案可有效利用大面积可再生太阳能资源、环境热源和余热资源，减少化石能源和市电的消耗，降低二氧化碳和污染物排放，具有较好的环保性。应用环境热源和工业余热的热泵技术，充分利用可再生资源和余热资源，提高了综合能源利用效率，具有较好的节能效果。装设蓄冷式中央空调和蓄热式电锅炉，用户可以充分利用峰谷电差价，具有很高的经济性。通过提供电动汽车租赁、充电站建设以及充电运维服务，可满足用户的电动汽车使用和充电需求。

2. 服务方案二

（1）技术方案。

1）综合能效服务：客户能效管理。

2）供冷供热供电多能服务：水源、地源、空气源热泵技术 + 工业余热热泵技术 + 蓄热式电锅炉技术 + 蓄冷式空调技术。

3）专属电动汽车：充电站建设服务 + 充电设施运维服务。

（2）商业模式：能源托管模式。

（3）适用场景及效果。该服务方案适用于具有集中大规模供冷和供热需求、有电动汽车充电需求、有能源监测和环境控制等需求的工业企业。同时，风力和太阳能资源不丰富或不具有足够的无遮挡空间、具有满足配置热泵要求的资源环境和空间条件、具有余热资源。该方案可有效利用环境热源和余热资源，减少化石能源和市电的消耗，降低二氧化碳和污染物排放，具有较好的环保性。应用环境热源和工业余热的热泵技术，充分利用可再生资源和余热资源，提高了综合能源利用效率，具有较好的节能效果。装设蓄冷式中央空调和蓄热式电锅炉，用户可以充分利用峰谷电差价，具有很高的经济性。通过提供充电站建设以及充电运维服务，可满足用户的电动汽车充电需求。

3. 服务方案三

（1）技术方案。

1）供冷供热供电多能服务：水源、地源、空气源热泵技术 + 工业余热热泵技术 + 蓄热式电锅炉技术 + 蓄冷式空调技术。

2）专属电动汽车：充电站建设服务 + 充电设施运维服务。

（2）商业模式：能源托管模式。

（3）适用场景及效果。该服务方案适用于具有集中大规模供冷和供热需求、有电动汽车充电需求的工业企业。同时，风力和太阳能资源不丰富或不具有足够的无遮挡空间、具有满足配置热泵要求的资源环境和空间条件、具有余热资源。该方案可有效利用环境热源和余热资源，减少化石能源和市电的消耗，降低二氧化碳和污染物排放，具有较好的环保性。应用环境热源和工业余热的热泵技术，充分利用可再生资源和余热资源，提高了综合能源利用效率，具有较好的节能效果。装设蓄冷式中央空调和蓄热式电锅炉，用户可以充分利用峰谷电差价，具有很高的经济性。通过提供充电站建设以及充电运维服务，可满足用户的电动汽车充电需求。

4. 服务方案四

（1）技术方案。

1）供冷供热供电多能服务：蓄热式电锅炉技术 + 蓄冷式空调技术。

2）专属电动汽车：充电站建设服务 + 充电设施运维服务。

（2）商业模式：能源托管模式。

（3）适用场景及效果。该服务方案适用于具有集中大规模供冷和一定供热需求、有电动汽车充电需求的工业企业。同时，风力和太阳能资源不丰富或不具有足够的无遮挡空间、不具有配置热泵的资源环境和空间条件。该方案具有投资小、建设和运营简单的特点。装设蓄冷式中央空调和蓄热式电锅炉，用户可以充分利用峰谷电差价，具有很高的经济性。通过提供充电站建设以及充电运维服务，可满足用户的电动汽车充电需求。

5. 服务方案五

（1）技术方案。

1）供冷供热供电多能服务：水源、地源、空气源热泵技术 + 蓄热式电锅炉技术。

2）专属电动汽车：充电站建设服务 + 充电设施运维服务。

（2）商业模式：能源托管模式。

（3）适用场景及效果。该服务方案适用于具有一定供冷和供热需求、有电动汽车充电需求的工业企业。同时，风力和太阳能资源不丰富或不具有足够的无遮挡空间、具有满足配置热泵要求的资源环境和空间条件。该方案可有效利用环境热源，减少化石能源和市电的消耗，降低二氧化碳和污染物排放，具有较好的环保性。应用热泵技术，提高了综合能源利用效率，具有较好的节能效果。装设蓄热式电锅炉，用户可以充分利用峰谷电差价，具有较好的经济性。通过提供充电站建设以及充电运维服务，可满足用户的电动汽车充电需求。

6.2.2 在运一般生产型企业

与新建一般生产型企业不同，受到已有建筑空间和已有供能方式的限制，在运园区多采用改造的方式。考虑工业企业用能种类、生产工艺用能要求、品质需求，推荐如下服务方案。

1. 服务方案一

（1）技术方案。

1）综合能效服务：照明改造技术 + 电动机变频技术 + 空调节能改造 + 锅炉节能改造 + 配电网节能改造 + 客户能效管理。

2）供冷供热供电多能服务：水源、地源、空气源热泵技术 + 蓄热式电锅炉技术 + 蓄冷式空调技术。

3）分布式清洁能源服务：分布式光伏发电 + 光伏幕墙。

4）专属电动汽车：电动汽车租赁服务 + 充电站建设服务 + 充电设施运维服务。

（2）商业模式：合同能源管理（EMC）。

（3）适用场景及效果。该服务方案适用于具有集中大规模供冷、供热以及大量电力需求、有电动汽车使用和充电需求、能效提升需求、能源监测和环境控制等需求以及对部分室内光线无高要求的工业企业。同时，太阳能资源丰富并具有足够的无遮挡空间、具有满足配置热泵要求的资源环境和空间条件。该方案可有效利用太阳能资源和环境热源，减少化石能源和市电的消耗，降低二氧化碳和污染物排放，具有较好的环保性。应用热泵技术、更换高效绿色照明设备、采用节能锅炉系统以及改造和优化空调系统，提高了综合能源利用效率，可实现较好的节能效果。通过对耗电量高和控制灵活性要求高的电动机加装变频器，可降低电动机运行的耗电功率、提高功率因数，实现进一步的节能降耗。装设蓄冷式中央空调和蓄热式电锅炉，用户可以充分利用峰谷电差价，具有很高的经济性。通过配电网节能改造，降低电网损耗，保障电力供给的稳定和安全。通过提供电动汽车租赁、充电站建设以及充电运维服务，可满足用户的电动汽车使用和充电需求。

2. 服务方案二

（1）技术方案。

1）综合能效服务：照明改造技术 + 电动机变频技术 + 空调节能改造 + 配电网节能改造 + 客户能效管理；

2）供冷供热供电多能服务：水源、地源、空气源热泵技术 + 蓄热式电锅炉技术 + 蓄冷式空调技术；

3）分布式清洁能源服务：分布式光伏发电 + 光伏幕墙；

4）专属电动汽车：电动汽车租赁服务 + 充电站建设服务 + 充电设施运维服务。

（2）商业模式：合同能源管理（EMC）。

（3）适用场景及效果。该服务方案适用于具有集中大规模供冷、供热以及大量电力需求、有电动汽车使用和充电需求、能效提升需求、能源监测和环境控制等需求以及对部分室内光线无高要求的工业企业。同时，太阳能资源丰富并具有足够的无遮挡空间、具有满足配置热泵要求的资源环境和空间条件。该方案可有效利用太阳能资源和环境热源，减少化石能源和市电的消耗，降低二氧化碳和污染物排放，具有较好的环保性。应用热泵技术、更换高效绿色照明设备以及改造和优化空调系统，提高了综合能源利用效率，可实现较好的节能效果。通过对耗电量高和控制灵活性要求高的电动机加装变频器，可降低电动机运行的耗电功率、提高功率因数，实现进一步的节能降耗。装设蓄冷式中央空调和蓄热式电锅炉，用户可以充分利用峰谷电差价，具有很高的经济性。通过配电网节能改造，降低电网损耗，保障电力供给的稳定和安全。通过提供电动汽车租赁、充电站建设以及充电运维服务，可满足用户的电动汽车使用和充电需求。

3. 服务方案三

（1）技术方案。

1）综合能效服务：照明改造技术 + 电动机变频技术 + 空调节能改造 + 锅炉节能改造 + 配电网节能改造 + 客户能效管理。

2）供冷供热供电多能服务：水源、地源、空气源热泵技术 + 蓄热式电锅炉技术 + 蓄冷式空调技术。

3）专属电动汽车：电动汽车租赁服务 + 充电站建设服务 + 充电设施运维服务。

（2）商业模式：合同能源管理（EMC）。

（3）适用场景及效果。该服务方案适用于具有集中大规模供冷、供热以及大量电力需求、有电动汽车使用和充电需求、能效提升需求、能源监测和环境控制等需求的工业企业。同时，风力和太阳能资源不丰富或不具有足够的无遮挡空间、具有满足配置热泵要求的资源环境和空间条件。该方案可有效利用环境热源，减少化石能源和市电的消耗，降低二氧化碳和污染物排放，具有较好的环保性。应用热泵技术、更换高效绿色照明设备、采用节能锅炉系统以及改造和优化空调系统，提高了综合能源利用效率，可实现较好的节能效果。通过对耗电量高和控制灵活性要求高的电动机加装变频器，可降低电动机运行的耗电功率、提高功率因数，实现进一步的节能降耗。装设蓄冷式中央空调和蓄热式电锅炉，用户可以充分利用峰谷电差价，具有很高的经济性。通过配电网节能改造，降低电网损耗，保障电力供给的稳定和安全。通过提供电动汽车租赁、充电站建设以及充电运维服务，可满足用户的电动汽车使用和充电需求。

4. 服务方案四

（1）技术方案。

1）综合能效服务：照明改造技术 + 电动机变频技术 + 空调节能改造 + 锅炉节能改造 + 配电网节能改造。

2）供冷供热供电多能服务：蓄热式电锅炉技术 + 蓄冷式空调技术。

3）专属电动汽车：电动汽车租赁服务 + 充电站建设服务 + 充电设施运维服务。

（2）商业模式：合同能源管理（EMC）。

（3）适用场景及效果。该服务方案适用于具有集中大规模供冷、供热以及大量电力需求、有电动汽车使用和充电需求、能效提升需求的工业企业。同时，风力和太阳能资源不丰富或不具有足够的无遮挡空间、不具有配置热泵的资源环境和空间条件。该方案通过更换高效绿色照明设备、采用节能锅炉系统以及改造和优化空调系统，提高了综合能源利用效率，可实现较好的节能效果。通过对耗电量高和控制灵活性要求高的电动机加装变频器，可降低电动机运行的耗电功率、提高功率因数，实现进一步的节能降耗。装设蓄冷式中央空调和蓄热式电锅炉，用户可以充分利用峰谷电差价，具有很高的经济性。通过配电网节能改造，降低电网损耗，保障电力供给的稳定和安全。通过提供电动汽车租赁、充电站建设以及充电运维服务，可满足用户的电动汽车使用和充电需求。

5. 服务方案五

（1）技术方案。

1）综合能效服务：照明改造技术 + 电动机变频技术 + 空调节能改造 + 锅炉节能改造 + 配电网节能改造 + 客户能效管理。

2）供冷供热供电多能服务：水源、地源、空气源热泵技术 + 蓄热式电锅炉技术。

3）专属电动汽车：电动汽车租赁服务+充电站建设服务+充电设施运维服务。

（2）商业模式：合同能源管理（EMC）。

（3）适用场景及效果。该服务方案适用于具有大规模供热、一定的供冷以及大量电力需求、有电动汽车使用和充电需求、能效提升需求、能源监测和环境控制等需求的工业企业。同时，太阳能资源不丰富或不具有足够的无遮挡空间、具有满足配置热泵要求的资源环境和空间条件。该方案可有效利用环境热源，减少化石能源和市电的消耗，降低二氧化碳和污染物排放，具有较好的环保性。应用热泵技术、更换高效绿色照明设备、采用节能锅炉系统以及改造和优化空调系统，提高了综合能源利用效率，可实现较好的节能效果。通过配电网节能改造，进一步降低电网损耗，保障电力供给的稳定和安全。通过对耗电量高和控制灵活性要求高的电动机加装变频器，可降低电动机运行的耗电功率、提高功率因数，实现进一步的节能降耗。装设蓄热式电锅炉，用户可以充分利用峰谷电差价，具有一定的经济性。通过提供电动汽车租赁、充电站建设以及充电运维服务，可满足用户的电动汽车使用和充电需求。

6.2.3 新建钢铁、化工等高耗能企业

相对于一般生产型企业，钢铁、化工等高耗能企业除满足生产工业用能要求外，更加注重节能降耗、提高能效，以降低生产成本，同时由于该类工业企业常有余热余压可以利用，改进生产工艺和能源梯级利用是该类企业节能改造的重要途径。因此，推荐如下解决方案。

1. 服务方案一

（1）技术方案。

1）供冷供热供电多能服务：水源、地源、空气源热泵技术+工业余热热泵技术+蓄热式电锅炉技术+蓄冷式空调技术。

2）分布式清洁能源服务：分布式光伏发电+光伏幕墙。

3）专属电动汽车：电动汽车租赁服务+充电站建设服务+充电设施运维服务。

（2）商业模式：能源托管模式。

（3）适用场景及效果。该服务方案适用于具有集中大规模供冷和供热需求、有电动汽车使用和充电需求、对部分室内光线无高要求的工业企业。同时，太

阳能资源丰富并具有足够的无遮挡空间、具有满足配置热泵要求的资源环境和空间条件、具有余热资源。该方案可有效利用大面积太阳能资源、环境热源和余热资源，减少化石能源和市电的消耗，降低二氧化碳和污染物排放，具有较好的环保性。应用环境热源和工业余热的热泵技术，充分利用可再生资源和余热资源，提高了综合能源利用效率，具有较好的节能效果。装设蓄冷式中央空调和蓄热式电锅炉，用户可以充分利用峰谷电差价，具有很高的经济性。通过提供电动汽车租赁、充电站建设以及充电运维服务，可满足用户的电动汽车使用和充电需求。

2. 服务方案二

（1）技术方案。

1）供冷供热供电多能服务：水源、地源、空气源热泵技术 + 工业余热热泵技术 + 蓄冷式空调技术。

2）分布式清洁能源服务：分布式光伏发电 + 光伏幕墙。

3）专属电动汽车：电动汽车租赁服务 + 充电站建设服务 + 充电设施运维服务。

（2）商业模式：能源托管模式。

（3）适用场景及效果。该服务方案适用于具有集中大规模供冷和一定供热需求、有电动汽车使用和充电需求、对部分室内光线无高要求的工业企业。同时，太阳能资源丰富并具有足够的无遮挡空间、具有满足配置热泵要求的资源环境和空间条件、具有余热资源。该方案可有效利用大面积太阳能资源、环境热源和余热资源，减少化石能源和市电的消耗，降低二氧化碳和污染物排放，具有较好的环保性。应用环境热源和工业余热的热泵技术，充分利用可再生资源和余热资源，提高了综合能源利用效率，具有较好的节能效果。装设蓄冷式中央空调，用户可以充分利用峰谷电差价，具有较好的经济性。通过提供电动汽车租赁、充电站建设以及充电运维服务，可满足用户的电动汽车使用和充电需求。

3. 服务方案三

（1）技术方案。

1）供冷供热供电多能服务：水源、地源、空气源热泵技术 + 工业余热热泵技术 + 蓄冷式空调技术。

2）分布式清洁能源服务：分布式光伏发电。

3）专属电动汽车：电动汽车租赁服务 + 充电站建设服务 + 充电设施运维服务。

（2）商业模式：能源托管模式。

（3）适用场景及效果。该服务方案适用于具有集中大规模供冷和一定供热需求、有电动汽车使用和充电需求的工业企业。同时，太阳能资源丰富并具有足够的无遮挡空间、具有满足配置热泵要求的资源环境和空间条件、具有余热资源。该方案可有效利用太阳能资源、环境热源和余热资源，减少化石能源和市电的消耗，降低二氧化碳和污染物排放，具有较好的环保性。应用环境热源和工业余热的热泵技术，充分利用可再生资源和余热资源，提高了综合能源利用效率，具有较好的节能效果。装设蓄冷式中央空调，用户可以充分利用峰谷电差价，具有较好的经济性。通过提供电动汽车租赁、充电站建设以及充电运维服务，可满足用户的电动汽车使用和充电需求。

4. 服务方案四

（1）技术方案。

1）供冷供热供电多能服务：水源、地源、空气源热泵技术 + 工业余热热泵技术 + 蓄冷式空调技术。

2）分布式清洁能源服务：光伏幕墙。

3）专属电动汽车：充电站建设服务 + 充电设施运维服务。

（2）商业模式：能源托管模式。

（3）适用场景及效果。该服务方案适用于具有集中大规模供冷和一定供热需求、有电动汽车充电需求、对部分室内光线无高要求的工业企业。同时，太阳能资源丰富并在建筑墙体上具有足够无遮挡的空间、具有满足配置热泵要求的资源环境和空间条件、具有余热资源。该方案可有效利用太阳能资源、环境热源和余热资源，减少化石能源和市电的消耗，降低二氧化碳和污染物排放，具有较好的环保性。应用环境热源和工业余热的热泵技术，充分利用可再生资源和余热资源，提高了综合能源利用效率，具有较好的节能效果。装设蓄冷式中央空调，用户可以充分利用峰谷电差价，具有较好的经济性。通过提供充电站建设以及充电运维服务，可满足用户的电动汽车充电需求。

5. 服务方案五

（1）技术方案。

1）供冷供热供电多能服务：水源、地源、空气源热泵技术 + 工业余热热泵技术。

2）分布式清洁能源服务：分布式光伏发电。

3）专属电动汽车：充电站建设服务 + 充电设施运维服务。

（2）商业模式：能源托管模式。

（3）适用场景及效果。该服务方案适用于具有一定的供冷和供热需求、有电动汽车充电需求的工业企业。同时，太阳能资源丰富并具有足够的无遮挡空间、具有满足配置热泵要求的资源环境和空间条件、具有余热资源，但无峰谷电价差。该方案可有效利用太阳能资源、环境热源和余热资源，减少化石能源和市电的消耗，降低二氧化碳和污染物排放，具有较好的环保性。应用环境热源和工业余热的热泵技术，充分利用可再生资源和余热资源，提高了综合能源利用效率，具有较好的节能效果。通过提供充电站建设以及充电运维服务，可满足用户的电动汽车充电需求。

6.2.4 在运钢铁、化工等高耗能企业

与新建高耗能企业不同，受到已有建筑空间和已有供能方式的限制，在运高耗能企业多采用改造的方式。考虑高耗能企业负荷大的特点和节能降耗的需求，推荐如下改造方案。

1. 服务方案一

（1）技术方案。

1）综合能效服务：照明改造技术 + 电动机变频技术 + 空调节能改造 + 锅炉节能改造 + 配电网节能改造 + 余热余压利用 + 客户能效管理。

2）供冷供热供电多能服务：水源、地源、空气源热泵技术 + 工业余热热泵技术 + 蓄热式电锅炉技术 + 蓄冷式空调技术。

3）分布式清洁能源服务：分布式光伏发电 + 光伏幕墙。

4）专属电动汽车：电动汽车租赁服务 + 充电站建设服务 + 充电设施运维服务。

（2）商业模式：合同能源管理（EMC）。

（3）适用场景及效果。该服务方案适用于具有集中大规模供冷、供热以及电力需求、有电动汽车使用和充电需求、能效提升需求、能源监测和环境控制

等需求以及对部分室内光线无高要求的工业企业。同时，太阳能资源丰富并具有足够的无遮挡空间、具有满足配置热泵要求的资源环境和空间条件、具有余热余压资源。该方案可有效利用大面积太阳能资源、环境热源和废弃能源，减少化石能源和市电的消耗，降低二氧化碳和污染物排放，具有较好的环保性。通过余热余压利用技术，实现能量的梯级利用，可以大幅度提高能源利用效率。应用热泵技术、更换高效绿色照明设备、采用节能锅炉系统以及改造和优化空调系统，提高综合能源利用效率，可实现较好的节能效果。通过对耗电量高和控制灵活性要求高的电动机加装变频器，可降低电动机运行的耗电功率、提高功率因数，实现进一步的节能降耗。装设蓄冷式中央空调和蓄热式电锅炉，用户可以充分利用峰谷电差价，具有很高的经济性。通过配电网节能改造，降低电网损耗，保障电力供给的稳定和安全。通过提供电动汽车租赁、充电站建设以及充电运维服务，可满足用户的电动汽车使用和充电需求。

2. 服务方案二

（1）技术方案。

1）综合能效服务：照明改造技术 + 空调节能改造 + 配电网节能改造 + 余热余压利用 + 客户能效管理。

2）供冷供热供电多能服务：水源、地源、空气源热泵技术 + 工业余热热泵技术 + 蓄冷式空调技术。

3）分布式清洁能源服务：分布式光伏发电 + 光伏幕墙。

4）专属电动汽车：电动汽车租赁服务 + 充电站建设服务 + 充电设施运维服务。

（2）商业模式：合同能源管理（EMC）。

（3）适用场景及效果。该服务方案适用于具有集中大规模供冷、一定的供热以及电力需求、有电动汽车使用和充电需求、能效提升需求、能源监测和环境控制等需求以及对部分室内光线无高要求的工业企业。同时，太阳能资源丰富并具有足够的无遮挡空间、具有满足配置热泵要求的资源环境和空间条件、具有余热余压资源。该方案可有效利用大面积太阳能资源、环境热源和废弃能源，减少化石能源和市电的消耗，降低二氧化碳和污染物排放，具有较好的环保性。通过余热余压利用技术，实现能量的梯级利用，可以大幅度提高能源利用效率。应用环境热源和工业余热的热泵技术、更换高效绿色照明设备以及改造和优化空调系统，提高综合能源利用效率，可实现较好的节能效果。装设蓄冷式中央空调，用户可以充分利用峰谷电差价，具有较好的经济性。通过配电网节能改造，降低电网损耗，保障电力供给的稳定和安全。通过提供电动汽车租赁、充电站建设以及充电运维服务，可满足用户的电动汽车使用和充电需求。

3. 服务方案三

（1）技术方案。

1）综合能效服务：照明改造技术 + 空调节能改造 + 配电网节能改造 + 余热余压利用 + 客户能效管理。

2）供冷供热供电多能服务：水源、地源、空气源热泵技术 + 工业余热热泵技术 + 蓄冷式空调技术。

3）分布式清洁能源服务：分布式光伏发电。

4）专属电动汽车：电动汽车租赁服务 + 充电站建设服务 + 充电设施运维服务。

（2）商业模式：合同能源管理（EMC）。

（3）适用场景及效果。该服务方案适用于具有集中大规模供冷、一定的供热以及电力需求、有电动汽车使用和充电需求、能效提升需求、能源监测和环境控制等需求的工业企业。同时，太阳能资源丰富并具有足够的无遮挡空间、具有满足配置热泵要求的资源环境和空间条件、具有余热余压资源。该方案可有效利用太阳能资源、环境热源和废弃能源，减少化石能源和市电的消耗，降低二氧化碳和污染物排放，具有较好的环保性。通过余热余压利用技术，实现能量的梯级利用，可以大幅度提高能源利用效率。应用环境热源和工业余热的热泵技术、更换高效绿色照明设备以及改造和优化空调系统，提高综合能源利用效率，可实现较好的节能效果。装设蓄冷式中央空调，用户可以充分利用峰谷电差价，具有较好的经济性。通过配电网节能改造，降低电网损耗，保障电力供给的稳定和安全。通过提供电动汽车租赁、充电站建设以及充电运维服务，可满足用户的电动汽车使用和充电需求。

4. 服务方案四

（1）技术方案。

1）综合能效服务：照明改造技术空调节能改造 + 配电网节能改造 + 余热余压利用 + 客户能效管理。

2）供冷供热供电多能服务：水源、地源、空气源热泵技术 + 工业余热热泵技术 + 蓄热式电锅炉技术 + 蓄冷式空调技术。

3）分布式清洁能源服务：光伏幕墙。

4）专属电动汽车：充电站建设服务 + 充电设施运维服务。

（2）商业模式：合同能源管理（EMC）。

（3）适用场景及效果。该服务方案适用于具有集中大规模供冷、供热以及电力需求、有电动汽车充电需求、能效提升需求、能源监测和环境控制等需求以及对部分室内光线无高要求的工业企业。同时，太阳能资源丰富并在建筑墙体上具有足够无遮挡的空间、具有满足配置热泵要求的资源环境和空间条件、具有余热余压资源。该方案可有效利用太阳能资源、环境热源和废弃能源，减少化石能源和市电的消耗，降低二氧化碳和污染物排放，具有较好的环保性。通过余热余压利用技术，实现能量的梯级利用，可以大幅度提高能源利用效率。应用环境热源和工业余热的热泵技术、更换高效绿色照明设备以及改造和优化空调系统，提高综合能源利用效率，可实现较好的节能效果。装设蓄冷式中央空调和蓄热式电锅炉，用户可以充分利用峰谷电差价，具有很高的经济性。通过配电网节能改造，降低电网损耗，保障电力供给的稳定和安全。通过提供充电站建设以及充电运维服务，可满足用户的电动汽车充电需求。

5. 服务方案五

（1）技术方案。

1）综合能效服务：照明改造技术 + 电动机变频技术 + 锅炉节能改造 + 配电网节能改造 + 余热余压利用 + 客户能效管理。

2）供冷供热供电多能服务：水源、地源、空气源热泵技术 + 工业余热热泵技术 + 蓄冷式空调技术。

3）分布式清洁能源服务：光伏幕墙。

4）专属电动汽车：充电站建设服务 + 充电设施运维服务。

（2）商业模式：合同能源管理（EMC）。

（3）适用场景及效果。该服务方案适用于具有集中大规模供冷、供热以及电力需求、有电动汽车充电需求、能效提升需求、能源监测和环境控制等需求以及对部分室内光线无高要求的工业企业。同时，太阳能资源丰富并在建筑墙体上具有足够无遮挡的空间、具有满足配置热泵要求的资源环境和空间条件、具有余热余压资源。该方案可有效利用太阳能资源、环境热源和废弃能源，减少化石能源和市电的消耗，降低二氧化碳和污染物排放，具有较好的环保性。通过余热余压利用技术，实现能量的梯级利用，可以大幅度提高能源利用效率。应用环境热源和工业余热的热泵技术、更换高效绿色照明设备以及采用节能锅炉系统，提高综合能源利用效率，可实现较好的节能效果。通过对耗电量高和控制灵活性要求高的电动机加装变频器，可降低电动机运行的耗电功率、提高功率因数，实现进一步的节能降耗。通过配电网节能改造，降低电网损耗，保障电力供给的稳定和安全。装设蓄冷式中央空调，用户可以充分利用峰谷电差价，具有较好的经济性。通过提供充电站建设以及充电运维服务，可满足用户的电动汽车充电需求。

6.3 案例

6.3.1 江苏省常州市某钢铁集团综合能源项目

1. 项目概况

江苏省常州市某钢铁集团年产钢能力达到1100万t、营业收入超1000亿元。该钢铁工业园改造前拥有1250m^3高炉2座、1000m^3高炉1座、850m^3高炉2座、660m^3高炉1座、550m^3高炉2座、510m^3高炉2座，120t转炉3座、80t转炉2座、65t转炉1座、45t转炉2座、90t电炉1座。

钢铁冶炼为典型的高耗能行业，完整的工艺流程包括采矿、选矿、烧结、炼铁、炼钢、热轧、冷轧。在冶炼过程中需要焦化、制氧、燃气、自备电、动力等工艺辅助生产。分析各工序吨钢能耗，炼铁是能耗最高的工序，约占吨钢能耗的53%左右。因此改进炼铁工艺是开展综合能源服务业务的重点。

2. 项目技术方案

本项目通过对钢铁冶炼企业设备、工艺、管理及控制的改进，达到降低能耗、提高能源利用效率的目的。

（1）烧结余热回收。改造前情况：原有烧结机、环冷机（带冷机）均已建有环冷余热锅炉对余热进行回收利用。环冷余热锅炉采用双压、双通道、自除氧锅炉，配套一台纯凝补汽式汽轮发电机组，汽轮机装机容量为25MW。但在实际运行中，汽轮机发电负荷为10~13MW，出力严重不足。烧结机生产过程中会产生大量的中低温废气，原工艺设计对此部分余热资源没有回收利用。

改造方案：利用2条180m^{2}烧结生产线大烟道废气余热，各建设一台5.5t/h余热锅炉，利用550m^{2}烧结生产线大烟道废气余热，在两边各建设一台8.25t/h余热锅炉，新增蒸汽温度320℃，压力1.8MPa，流量合计为27.5t/h。

（2）高炉煤气余热发电。改造前情况：原有生产系统高炉、转炉产生的煤气与消耗本已平衡，但该集团通过对轧钢线进行免加热改造和淘汰四座石灰窑等生产工艺改造后，产生富余高炉煤气量高达每小时25万标准m^{3}左右，这部分高炉煤气未能得到充分利用。

改造方案：利用富余的高炉煤气，新增一台240t/h纯燃高炉煤气锅炉和一台60MW抽凝式汽轮发电机组，配套建设发电系统所需的软化水系统等附属系统和辅助设施。

（3）高效鼓风机水泵。改造前情况：原有鼓风机水泵在生产制造过程中存在气动效率低的问题，在现场使用过程中存在偏工况运行，配套电动机功率偏大，管网设计不合理，调节方式不合理以及漏风现象。

改造方案：现场实测风机水泵运行参数，明确项目设计目标；借助三元流理论和计算机仿真技术建模，定制化设计风机水泵。通过提升风机水泵自身性能，降低无效损耗，实现节能效果。

（4）加热炉高效空气预热技术。改造前情况：传统钢厂加热炉空气预热采用列管式换热结构，积灰现象严重。长期使用后换热效率大幅度下降，回收的热量越来越少，烟气侧出口温度越来越高，导致下游的预热器煤气出口温度超高温报警情况时常发生。

改造方案：采用新型的波纹板式换热器替代原有的列管式换热器，减小烟气侧阻力保证流道通畅，不易积灰。在同样的空间内，可大幅度增加换热面积。同时增加连续振荡吹灰器减少积灰，提升了传热效率。

（5）预混射流式钢包烘烤器。改造前情况：常规钢包烘烤器存在效率低，受热不均匀，安全性低，自动化程度低，维护困难等问题。

改造方案：采用新型预混射流式钢包烘烤器，助燃空气不需要鼓风机鼓入，不但减少鼓风机的电能消耗，而且可以避免因鼓风机故障引起的烘烤器停机问题；可以根据所需助燃空气的流量，调节燃气的喷射速度，形成相应的真空度；燃气与吸入的助燃空气经钝体的作用，在预混腔内形成涡流，进而充分混合，并且钝体对高速气流中的火焰具有稳焰作用，使火焰更稳定。充分混合的气体，其燃烧速度不再受气体扩散速度等物理条件的限制。燃烧速度更快、燃烧更充分，火焰温度更高，预混射流式钢包烘烤器改造效果如图 6–1 所示。

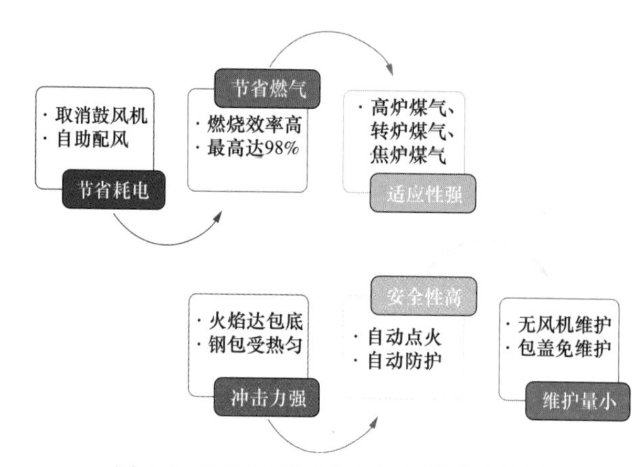

图 6–1　预混射流式钢包烘烤器改造效果

（6）炼钢双气氛精确控制技术。改造前情况：钢坯热轧过程如图 6–2 所示，在钢坯热轧过程中，存在钢坯氧化烧损严重，钢坯氧化脱碳等问题，影响钢坯产能和质量，损害企业经济效益。

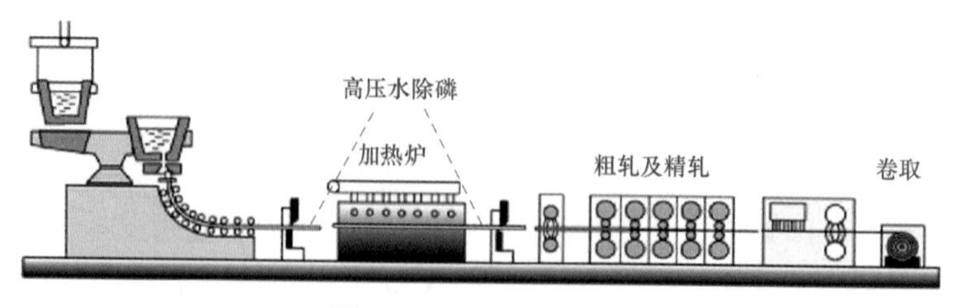

图 6–2　钢坯热轧过程

改造方案：采用炼钢双气氛精确控制技术，针对各不同钢坯种类分别计算机建模，并精确控制炉内各区域的空燃比。在温度相对高的加热段和均热段，降低空燃比，使炉内氧分子无残留。在温度相对低的预热段，适当增大空燃比，消除炉气内残留的可燃气体，从而避免钢坯表面生成氧化皮，造成氧化烧损。

3. 项目商业模式

向钢铁企业推介节能整体解决方案，在前期充分调研收资的基础上，以降低吨钢生产成本为目标，与钢铁企业采用效益分享型合同能源管理模式方式开展综合能源服务，两年合同期，综合能源服务公司分享 80% 节能收益，综合能源服务公司投资收益率 90.36%。

4. 效益分析

（1）烧结预热回收：由于余热资源为原本全部排空的高温废气，且汽水系统和烟风系统的动力为原有的环冷余热发电机组设备，运行成本很低，经济效益十分显著。按蒸汽量进行结算，蒸汽价格 200 元 /t，项目年节能效益为：19.25 万 ×200=3850 万元。项目静态回收期 1.05 年，投资收益率为 90.36%。

（2）高炉煤气余热发电：项目总投资 1.733 亿元，建设期 6 个月，设计平均年发电量 3.6 亿 kWh，按厂用电率 10% 计，年可实现节电量 3.24 亿 kWh，年节约标准煤 10.7 万 t，相应减少 CO_2 的排放量为 26.7 万 t。按网供平均电价核算，年可实现节电效益 2.268 亿元。

（3）高效风机水泵：项目节电量统计见表 6-1，平均节电率超 35%，年均节能效益超 2900 万元，投资回收期仅 6 个月。

表 6-1　　项目节电量统计表

序号	风机名称	功率（kW）		节电率
		改造前	改造后	
1	焦炉除尘风机	606	434	28.4%
2	1 烧结主抽风机	5197	3311	36.3%
3	1 烧结环境除尘风机	522	368	29.5%
4	1 烧结机尾除尘风机	577	340	41.1%
5	3 号上料除尘风机	323	198	38.6%
6	6 号上料除尘风机	873	403	53.8%
7	3 号 4 号出铁场除尘风机	991	662	33.2%
8	6 号出铁场除尘风机	233	181	22.4%
9	石灰车间除尘风机	86	69	20.3%

（4）加热炉高效空气预热技术：以 1 号加热炉空气预热器改造项目为例，空气温度可由 360℃提升至 580℃。换热面积 6174m²，热负荷回收 7080kW，换热器质量 38.4t，加热炉高效空气预热技术效果见表 6-2。设备可使用 13 年，前 8 年不会衰减，衰减后预热温度可达 500℃以上。每年可节约成本 1183.4 万元。

表 6-2 加热炉高效空气预热技术效果

项目	1 号加热炉空气预热器改造效果
空气温度提升效果	580-360=220℃
换热面积	1029 × 6=6174m²
烟气侧压降	57Pa
热负荷回收	1180 × 6=7080kW
换热器质量	6.4 × 6=38.4t
设备使用寿命	13 年
运行工况点寿命	8 年不衰减，8 年后预热温度大于 500℃
清灰装置	连续振荡吹灰器
节约成本	1183.4 万元 / 年
投资回收期	半年

（5）预混射流式钢包烘烤器：单个钢包烘烤器投资约 30 万元，每小时可节约煤气 346m³，煤气价格按 0.4 元 /m³ 计，节约 138.4 元 /h，投资回收期约 4 个月，预混射流式钢包烘烤器节电量统计见表 6-3。

表 6-3 预混射流式钢包烘烤器节电量统计表

主要指标	改造前	改造后
烘烤温度	＜ 910℃	≥ 1000℃
平均耗气量（标况）	981m³/h	635 m³/h
助燃方式	风机送风	无风机自然吸气
节能率	35%	

（6）炼钢双气氛精确控制技术。以年产量 300 万 t 的加热炉为例，改造前氧化烧损率大约 0.7%，通过双气氛精控系统改造后，氧化烧损率降低至 0.4%。

提高加热炉成材量：3000000×（0.7%–0.4%）=9000t，按吨钢价格 4000 元 /t 计，年经济效益：4000×9000÷10000=3600 万元，可提高加热炉成材量 9000t，年经济效益 3600 万元。

5. 项目经验总结

工业企业综合能源服务与其他领域相比难度较大，必须深入了解生产工艺，掌握可通过服务产生效益的技术。在对生产工艺不够了解的工业领域，可以配电设施代运维为切入点，先接入用户的用能数据，分析用户的用能结构，了解主要用能设备和工艺，逐步挖掘综合能源服务的潜力。各地应根据自己的资源和产业结构，深入到某个或几个行业有重点地开展工作，通过典型案例总结行业综合能源服务解决方案，相互促进，共同提升综合能源服务能力。

6.3.2 广东某公司空调系统项目

1. 项目概况

本项目为广东某公司空调系统项目。空调系统设计总负荷约 2500kW（710RT），实行工业峰谷电价政策，峰谷电价信息见表 6–4。

表 6-4 峰谷电价信息

电力时段分类	实施时段	电价 元 /kWh
峰段	09：00~12：00，19：00~22：00	1.1327
平段	08：00~09：00，12：00~19：00，22：00~24：00	0.7069
谷段	00：00~08：00	0.3794

2. 项目技术方案

（1）项目设计流程。

1）蓄冷类型选择。根据项目场地条件不同，选择采用水蓄冷或冰蓄冷。在场地条件充足或有合适水源（如消防池）时，由于水蓄冷的初投资和运行维护费用远低于冰蓄冷，因而经济性较好，所以优先考虑水蓄冷。

2）蓄冷模式选择。根据不同蓄冷工程项目的实际情况，选择采用全量蓄冷还是分量蓄冷。全量蓄冷模式指主机在白天电力高峰期全部停运，所需冷负荷全部由电力低谷期的蓄冷量来提供，该模式运行成本低，但初投资高，系统占地面积大，系统蓄冷容量及制冷主机容量都较大；分量蓄冷模式指主机在白天非低谷期正常运行，不足冷量由电力低谷期制得的冷量来提供，该模式未能全部利用夜间低谷电，运行费用相对较大，但初投资小，占地面积小，系统蓄冷容量及制冷主机容量都较小，相对全量蓄冷模式来说适用范围更广。

3）在采集用户空调系统相关数据的基础上，对项目蓄冷模式进行技术及经济可行性对比分析，确认后进行详细的系统设计，依据项目的不同需求得到主要设备（制冷主机、蓄冰装置）的主要设计要素，以及系统内其他配套设备的性能参数，选择最适合系统的设备配置组合，实现系统配置的最优化。

（2）系统运行策略。本项目结合现有情况，采用峰谷电价政策，在权衡初投资及空调系统的运行费用情况下，采用水蓄冷方案设计达到节省运行费用的目的。

由于夜间低谷时段无负荷，方案利用 2 台 1166.3kW 制冷机组在夜间电价低谷时段制冷并蓄冷 5.5h，最大蓄冷电能 12829 kWh（蓄冷量 3648RTH），所蓄冷量优先在电价高峰时段利用，若有剩余则用在电价平段期，由此节省整个空调系统运行费用。蓄冷槽采用地下室混凝土罐的方式，系统需配置板换装置，末端系统设计的供 / 回水温按 7℃ /12℃，最大 8℃ /13℃，蓄水槽的有效利用温差按 7℃（蓄水温度 4℃，供冷回水 11℃），则所需蓄冷槽有效容积为 1579m^3，考虑布管及水膨胀空间，水槽容积按 2000m^3。

（3）项目实施流程。在技术方案确认后，进入实施流程。实施流程主要包括合同签订、设备采购、土建施工、设备安装调试、项目验收等关键步骤。

3. 项目商业模式

项目采用合同能源管理（EMC）模式，由综合能源服务公司向客户提供能源审计、可行性研究、项目设计、设备和材料采购、工程施工、人员培训、节能量检测、改造系统的运行、维护和管理等服务。综合能源服务公司通过节能收益收回成本并获利。

4. 项目效果分析

（1）技术适用性。蓄冷的技术适用性分析一般需要考虑：用户在低谷时段是否有富余的制冷能力用于蓄冷；用户是否有足够的空间及场地来建蓄冷室；

用户空调运行策略是否合理。

（2）经济可行性。蓄冷的经济可行性分析重点在于其与常规投资（或改造投资）在运行成本上的比较。一般来说，项目经济可行性与电价政策有关，若所在区域不执行峰谷电价，则不具备经济可行性；峰谷电价差值越大，经济可行性越大。经济可行性分析方法如下：

估算蓄冷方案相对于常规空调方案的初投资增加值，应综合考虑蓄冷项目增加蓄冷室和蓄冷装置的费用，以及制冷系统负荷变化造成的电力相关费用。

估算蓄冷方案相对于常规空调方案所减少的运行费用，需结合项目当地峰谷电价和制冷时间进行计算。

计算静态回收期，即所增投资额除以年减少运行费用，静态投资回收周期以不超过 5 年为宜。

（3）效益分析。蓄冷项目效益计算公式为：年节约收益 = 夜间富余制冷机组总功率 × 夜间低谷时长 × 年制冷天数 × 峰谷电价差。

本项目采用水蓄冷后获得较好的经济效益，项目经济性分析总表见表 6-5。

表 6-5　项目经济性分析总表

<table>
<tr><th rowspan="2">运行电量</th><th rowspan="2">天数</th><th rowspan="2">负荷率</th><th colspan="3">水蓄冷空调</th><th colspan="3">常规电制冷空调</th></tr>
<tr><th>高峰</th><th>平段</th><th>谷段</th><th>对应高峰</th><th>对应平段</th><th>对应谷段</th></tr>
<tr><td rowspan="4">不同负荷日日运行电量（kWh）</td><td>1</td><td>100%</td><td>528.92</td><td>4760.56</td><td>2979.90</td><td>3807.60</td><td>5061.80</td><td>0.00</td></tr>
<tr><td>1</td><td>75%</td><td>667.58</td><td>2812.55</td><td>2979.90</td><td>2810.70</td><td>4744.50</td><td>0.00</td></tr>
<tr><td>1</td><td>50%</td><td>264.45</td><td>903.51</td><td>2979.90</td><td>1903.80</td><td>2538.40</td><td>0.00</td></tr>
<tr><td>1</td><td>25%</td><td>243.22</td><td>328.85</td><td>1896.30</td><td>1813.80</td><td>2508.40</td><td>0.00</td></tr>
<tr><td rowspan="3">不同负荷日年运行电量（万kWh）</td><td>60</td><td>100%</td><td>3.17</td><td>28.56</td><td>17.88</td><td>22.85</td><td>30.37</td><td>0.00</td></tr>
<tr><td>120</td><td>75%</td><td>8.01</td><td>33.75</td><td>35.76</td><td>33.73</td><td>56.93</td><td>0.00</td></tr>
<tr><td>90</td><td>50%</td><td>2.38</td><td>8.13</td><td>26.82</td><td>17.13</td><td>22.85</td><td>0.00</td></tr>
<tr><td>年运行电量总计（万kWh）</td><td>270</td><td></td><td>13.56</td><td>70.44</td><td>80.46</td><td>73.71</td><td>110.15</td><td>0.00</td></tr>
<tr><td colspan="3">年运行电量（万kWh）</td><td colspan="3">164.46</td><td colspan="3">183.86</td></tr>
<tr><td colspan="3">电价（元/kWh）</td><td>1.1327</td><td>0.7069</td><td>0.3794</td><td>1.1327</td><td>0.7069</td><td>0.3794</td></tr>
</table>

续表

运行电量	天数	负荷率	水蓄冷空调			常规电制冷空调		
			高峰	平段	谷段	对应高峰	对应平段	对应谷段
运行电费（万元）			15.36	49.79	30.53	83.49	77.87	0.00
总运行电费（万元）			95.68			161.36		
年节省电费（万元）			65.68					
节省率			40.7%					
20年节能效益（万元）			1313.6					

5. 项目经验总结

项目技术方案设计时需仔细考察项目现场，充分了解项日场地、变压器容量及设备空间承重等情况，严控技术风险。

选择实力强、技术成熟、服务到位的设备供应商和管理到位、经验丰富的施工队伍，严控设备风险和施工风险。可采用EMC合同能源管理模式或者业主与节能供应商共同投资的模式，减少投资风险及效益回报风险。 积极争取各地优惠奖励政策，降低项目实施风险。

峰谷电价差是蓄冷项目能否推广的关键点。在有弃风弃光现象的区域，推动政府部门出台相关政策，允许采用大用户直接交易方式利用夜间新能源进行供电蓄冷，可极大地降低运行成本，有助于蓄冷技术的推广。

对于需要增容的项目，可结合电力需求侧管理、电能替代战略推动省级电力公司出台政策，全部或部分减免外部电力工程建设费用，吸引用户采用蓄冷技术。

蓄冷关键技术有待进一步开发和提升，如布水器的设计，自控系统，蓄冷技术与大温差低温送风技术、热泵技术的结合等，都能有效提高项目操作的可行性。

6.3.3 重庆某厂区空气源热泵项目

1. 项目概况

重庆某厂区熔铸厂扁熔车间澡堂、电力计控中心电修车间澡堂、销售成品库澡堂为蒸汽供热，该供热方式消耗能量大，操作人员工作量大。因此，该公司决定在该厂区开展空气源热泵供应热水项目。该项目主要服务该厂区职工的工作和生活用能，不影响企业的各生产环节。

（1）厂区概况。厂区在改造前利用 1 台余热蒸汽锅炉，该锅炉功率为 260 kW，配 9.5t 水箱，设备效率为 70%，设备年运行小时数为 3780h。该供热方式存在能量转换损失，能源费用高，且蒸汽管线较长，管损较大，增加了蒸汽消耗量，而且各澡堂的能源使用均为人工控制，龙头数量大于实际需求，长期存在蒸汽、新水空耗现象，加剧了能源浪费，也增大了管理人员的工作量。

（2）实行电价。厂区电价按照重庆市市场电价计算，为 0.632 元 /kWh。

2. 项目技术方案

（1）设计负荷。

1）热水需求量。该公司每天洗浴的工人约 450 人，按照热水定额标准 150kg/（人·日），该公司每天用水量为 450×150=67.5t。

2）热水负荷。所需热水温度为 50℃，重庆地区春、秋、冬季自来水平均水温 16℃。根据热水量与热量关系公式，其春、秋、冬季每天热水负荷为：

$$Q_{m}=CM\Delta t=1\times 67.5\times 1000\times(50-16)=229.5\text{万 kcal}=2669\text{kWh}$$

（2）地源热泵系统容量配置。

1）主机容量配置。

按照冬季最大热负荷，选取三台 DKFXRS-30 Ⅱ型空气源热泵，供该厂区熔铸厂扁熔车间澡堂、电力计控中心电修车间澡堂、销售成品库澡堂工人洗澡。设备主要技术参数见表 6-6。

表 6-6 设备主要技术参数

设备参数名称	设备参数数据
额定制热量（kW）	38.7
额定输入功率（kW）	8.75
能效比	4.42
制热水量（40℃温升）（L/h）	827

注 数据来源于工程实例。

2）水箱容量。该公司每天热水用量 67.5t。水箱容量按照日用水量 3 个时段配置，综合考虑空气源热泵制热水量，配置 20 t 水箱。

3. 项目商业模式及实施流程

（1）项目商业模式：用户自主全资模式。

（2）项目实施流程：改造前耗能测量——设备进场——设备验收——设备安装——管道安装——设备与管道连接——调试与试运行——验收。

4. 项目效果分析

（1）初始投资。燃气锅炉改造为空气源热泵热水锅炉，项目投资为 24.1 万元。

（2）运行费用。运行费用按照重庆全年平均环境温度为 18℃，平均水温 16℃，生活热水全部用完的情况计算。电价按照重庆现行市场价计算（0.632 元 /kWh），电的热值为 860kcal/kWh。加热 1t 热水平均耗热量为 1 × 1 000 ×（50−16）=34 000kcal=39.53kWh。空气源热泵能效比按平均值 4.2 计算，则加热 1t 热水空气源机组电费：39.53 ÷ 4.2 × 0.632=5.95 元。

改造后，11 个月澡堂共用水 6 685 t（空气源热泵热水锅炉能实现时段的自动控制，节约了用水量），用电 6.29 万 kWh，年能源费用为 3.98 万元，无须运维。

（3）效益分析。空气源热泵初始投资 24.1 万元，无增容费用。改造前 3 个澡堂每年使用水 12 827 t，值班人员工资 7 万元，年能源费用 11.3 万元；改造后年能源费用为 3.98 万元，即每年减少能源费用支出 7.32 万元，节省人工费 7 万元，即每年节省运行费用共 14.32 万元。静态投资回收期 24.1 ÷ 14.32 = 1.7（年）。

5. 项目经验总结

本项目整体投资小，一般不涉及电力增容，对于气改电的客户，一般 18 个月左右可回收成本。可以通过为企业测算各种燃料的能源运行费用，引导企业选择该技术。此外，根据该项目的实际运行情况，空气源热泵热水锅炉在学校、宾馆、恒温游泳池及厂矿澡堂等范围极具推广价值。

6.3.4 内蒙古某公司低温烟气余热资源综合利用项目

1. 项目概况

内蒙古某公司是世界上单炉容量较大，炉台数最多，总容量最大，产能最高的钛合金企业。规划进行余热发电的电炉有 42 台，其中硅铁电炉 26 台，电石炉 12 台，硅锰电炉 4 台。所有电炉为矮烟罩半封闭型，全部配置了干法布袋除尘装置，预留了能效电厂技术改造用地，但烟气余热尚未回收利用。

2. 项目技术方案

（1）设置卧式双压余热锅炉。从电炉出来 350℃左右的烟气从侧面进入余热锅炉，在余热锅炉内设置振打除灰装置。烟气在锅炉内经过能量交换，温度降至 140℃左右直接进入引风机，然后通过布袋除尘器收尘后排放。

1）给水经高压给水泵进入双压锅炉高压省煤器后被加热成饱和水，进入锅炉高压汽包，另一路给水经低压给水泵进入低压省煤器后进入锅炉低压汽包。

2）进入锅炉的水经过锅炉内部循环被加热成高、低压过热蒸汽，高压过热蒸汽进入低参数汽轮机做功发电，低压蒸汽进入汽轮机补汽口补汽。

（2）辅助设备与流程。为满足锅炉补给水的水质要求设有化学水处理间，除氧方式采用真空除氧。为满足汽轮机冷凝器冷却的要求设有空气冷却系统。为保证电站事故不影响铁合金冶炼，余热锅炉均设有旁通烟气管道，一旦电站系统发生故障时，可以将余热发电设施从生产系统中解列，保证铁合金冶炼的正常运行。以上电站工艺系统，运行方式灵活、可靠。很好地与钛合金冶炼生产配合，最大限度地利用了余热。

3. 项目商业模式

本项目采用合同能源管理模式。针对该项目成立了合资公司，以合同能源管理机制中的节能效益分享模式运作，即节能服务公司就该项目与该业主签订节能服务合同，节能服务公司为业主提供能源审计，节能改造所需的所有投资，设备设计、选择及采购、施工、安装和调试；为业主单位的操作和维修人员提供相关培训，如项目建成后的维护和保养等专业服务。节能服务公司负责解决该项目所需的所有资金，并与业主单位对该项目所产生的节能效益进行分享。合同期为 20 年，按照合同约定，在项目收回投资之前节能服务公司与业主的分享比例为 8 ： 2，收回投资之后节能服务公司与业主的分享比例为 6 ： 4。在合同期内，项目的所有权属于合资公司；合同期满且业主付清所有合同款项后，节能服务公司向业主转移项目所有权，之后的节能收益为业主所有。

4. 项目效果分析

利用烟气产生饱和蒸汽为动力，推动发电机组进行发电，在运行过程中还需要消耗电力、冷却水等介质，原系统可利用的烟气产量、新装系统年节能量见表 6–7、表 6–8。

表 6-7 原系统可利用的烟气产量

序号	单位	电炉台数	参数	产品	单台烟气温度 ℃	单台烟气流量（标准工况）m^3
1	6 分厂	2	25000kVA	硅铁	360	125000
2	7 分厂	2	25000kVA	硅铁	360	125000
3	8 分厂	2	25000kVA	硅铁	360	125000
4	9 分厂	2	25000kVA	硅铁	360	125000
5	10 分厂	4	25000kVA	硅铁	350	90000
6	11 分厂	4	25000kVA	硅铁	350	90000
7	12 分厂	4	25000kVA	硅铁	350	90000
8	13 分厂	6	25000kVA	硅铁	350	90000
9	电石厂 1	6	25000kVA	电石	400~600	50000~60000
10	电石厂 2	6	30000kVA	电石	400~600	70000~80000
11	硅锰合金	4	25000kVA	硅锰合金	450	125000

表 6-8 新装系统年节能量

额定功率 MW	年发电量 万 kWh	年供电量 万 kWh	折标准煤 万 t
99	67848	63099	23.5

新建电站后，每年可节约 23.5 万 t 标准煤，按照当地工业电价计算，每年可为业主增加经济效益约 2 亿元。

5. 项目经验总结

余热电站建成后，可大力回和循环利用工业废气，提高企业的整体资源利用水平，为资源的绿色消费贡献力量。另外，利用企业的废气余热进行发电，实际上就是相应减少了电力系统中燃煤电站产生同等电量而产生的二氧化碳排放，这些二氧化碳的减排量可以在国际碳排放交易中出售，从而可进一步减少余热发电的投资成本。

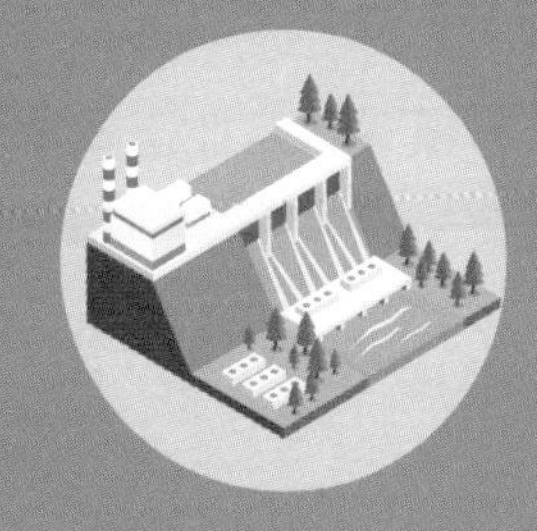

智慧能源小镇的综合能源服务展望

2014年6月，习近平总书记在中央财经领导小组第六次会议上作出了推动能源消费、供给、技术和体制革命，全方位加强国际合作的战略部署。同年，国务院正式印发的《国家新型城镇化规划（2014—2020年）》，指出新型城镇化是以“城乡统筹、城乡一体、产城互动、节约集约、生态宜居、和谐发展”为基本特征的城镇化，生态文明、绿色低碳是新型城镇规划工作的基本原则。为落实习近平总书记提出的“四个革命、一个合作”能源发展战略思想，将智慧能源系统服务于新型城镇建设，通过紧紧围绕构建新一代电力系统，推动智能电网新技术、新模式和新业态发展，建设清洁低碳、安全高效的智慧能源小镇。

7.1 关键技术原理

7.1.1 虚拟电厂技术

虚拟电厂的提出是为了整合各种分布式能源，包括分布式电源、可控负荷和储能装置等。其基本概念是通过分布式电力管理系统将电网中分布式电源、可控负荷和储能装置聚合成一个虚拟的可控集合体，参与电网的运行和调度，协调智能电网与分布式电源间的矛盾，充分挖掘分布式能源为电网和用户所带来价值和效益。虚拟电厂建设内容如图7-1所示，主要包括虚拟电厂系统建设、用户侧工程建设和调度升级附加模块建设三部分。

建设友好互动虚拟电厂系统，通过与营销业务系统、调度系统等系统的实时信息互动，配合用户侧工程建设，实现虚拟电厂系统信息流融合。友好互动虚拟电厂系统遵从国网公司SG-EA框架，基于SG-UAP开发，具有分布式电源调度控制、用户侧资源调度控制、储能电站调度控制、厂内协调优化、厂外调度优化等功能模块，并对各类功能模块进行细化，共计开发124个三级功能点。开展整体负荷资源的优化调控，有效减少区域用电尖峰，就地消纳分布式可再生能源，提升区域电网整体运行的安全性和经济性。

7.1.2 储能技术

储能技术可用于解决电力系统中存在的诸多问题，具体包括：

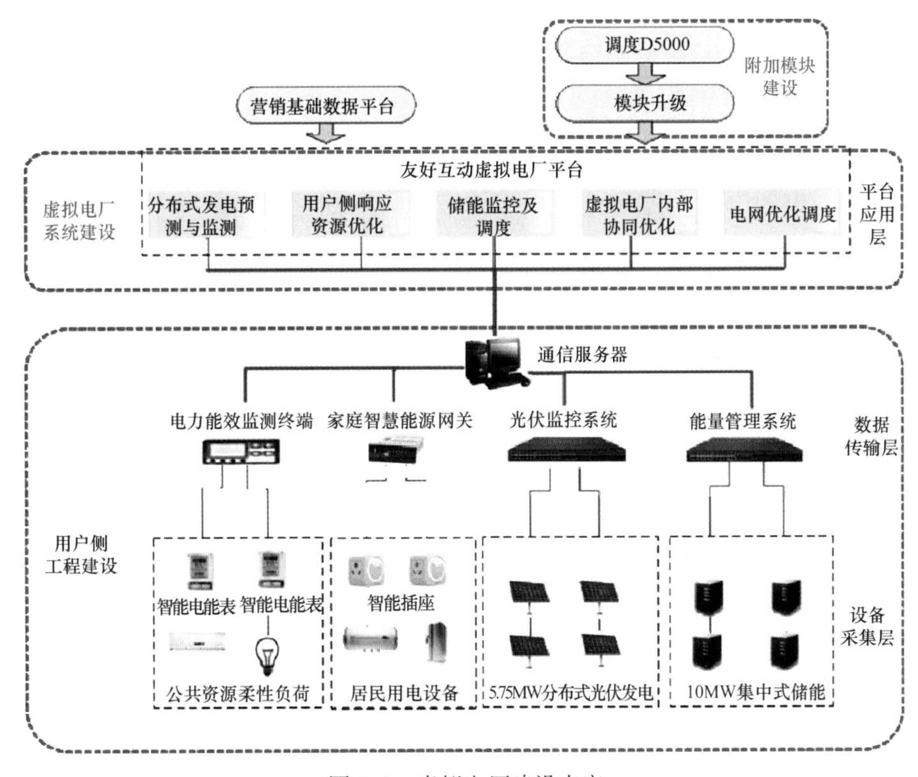

图 7-1 虚拟电厂建设内容

（1）分布式可再生能源波动对配电网造成影响，且未能全部消纳。在新能源发电侧接入分布式储能，一方面能够平抑新能源出力的波动性；另一方面能够减少弃风弃光现象，提高利用率。

（2）部分地区负荷大规模接入致使负荷峰谷差增大。分布式储能接入配电网后能够根据负荷用电量自动调整功率输出，从而改变负荷曲线，减少部分配电变压器由于尖峰负荷带来的重载或过载问题，提高配电网供电的可靠性。

（3）配电网末端存在电压低、功率因数低等电能质量问题。分布式储能接入后能够自动调整有功 / 无功输出，提高并网点电压的稳定性，改善供电质量。目前国内外分布式储能还不能实现主动支撑配电网的功能。

（4）重要负荷保电需要满足清洁无污染、零闪动和即插即用的要求。移动储能系统能够快速接入，环境友好无污染，能够满足重要负荷保电零闪动的要求。目前的柴油发电车和飞轮储能车实现不了无污染、零闪动或即插即用。

7.1.3 电动汽车与电网互动系统技术

建设电动汽车与电网互动系统，通过挖掘电动汽车与电网互动潜力，促进电动汽车充电向电网友好型、用户经济型发展，并探索电动汽车放电场景，储备电动汽车放电技术，为规模化电动汽车参与电网互动提供参考及技术支撑，该系统可解决如下几方面问题：

（1）单独建设有线 / 无线充电设施难度大、投资高。随着无线充电的发展，电动汽车无线充电需求也越来越多，需要在停车位上加装无线充电桩。大多电动汽车只能满足单一的充电方式，要么支持有线充电方式，要么支持无线充电方式，如果有线充电需求与无线充电需求的比例达到 1∶1，按照我国现在车桩比 1∶1 计算，意味着有线充电桩与无线充电桩的比例也将达到 1∶1。新建停车位建无线充电桩将占用大量的土地资源并带来大量的建设成本，而在已有有线充电桩的停车位上加装无线充电桩将给施工带来巨大的挑战，在一些空间有限的停车位上加装无线充电桩甚至无法实施。如果在空间有限的停车位上加装无线双模充电桩，只需建立一个充电桩就能够兼容有线充电与无线充电的需求，满足有线 / 无线充电需求的同时，还能够节约土地资源、降低建设成本。此外，车主可依据电动汽车的充电模式选择采用有线 / 无线充电，十分便捷。

（2）充电带来的台变越限问题。随着居民用电负荷的增长，已出现台变的峰值负荷逼近甚至超过台变额定容量的案例。通过本地充电柔性调控和分时充电管理功能不仅能够降低台变的峰值负荷，还能够将充电负荷向低谷时段平移，有效解决台变安全问题，同时还能够达到削峰填谷目的。如果利用峰谷电价政策，在电价低时为用户充电，在电价高时为用户放电，还能够提升用户的充电经济性。

（3）深化电动汽车与电网互动体系建设的需求。

电动汽车蓄电池作为储能单元用于平抑新能源接入电网所产生的扰动。当新能源发电功率较大而电网负荷较低时吸收电能，反之可以向电网输送电能，实现平抑新能源接入扰动的功能，促进智能电网的发展。电动汽车与电网互动技术是构建新一代智能电网的重要一环，V2G 技术将数量日益增长的电动汽车与电网有机结合在了一起，不仅推动了新能源电动汽车的普及，而且为智能电网的构建与运行注入了新鲜血液，具有广阔的发展前景与应用市场。

7.1.4 净零能耗建筑技术

净零能耗建筑通过提高建筑物和建筑设备的节能性能、能量的局域优化利用，灵活运用建筑物自身生产的可再生能源（如太阳能、风能等）来减少建筑物中一次能源消耗量，使建筑物使用的一次能源净消耗量达到零或者近乎为零。净零能耗设计与建造理念充分体现了绿色、环保、低碳、节能的要求，在提升建筑舒适度的同时尽可能减少建筑碳排放量，避免对建筑周围环境产生影响。净零能耗建筑概念具有环境友好、能效高等优势，必然成为今后建筑发展的趋势之一。

利用净零能耗建筑对环境感知的敏感性创建电网的环境感知端，使电网系统能够及时得到建筑环境数据，通过积累建筑环境变化与建筑用电关系的数据，为大数据分析、预测区域建筑用电情况创建感知基础。

通过引入净零能耗建筑理念，对建筑的节能措施进行充分优化设计，使建筑的整体能源利用率上升，实现建筑自身产能满足能源需求量，使建筑在满足使用舒适度的前提下实现绿色运行，打造全生命周期绿色低碳、可持续发展及可移动式的低能耗示范性建筑，满足其节能要求并获得经济效益。

净零能耗建筑将促进形成节约用能、智能用电的社会共识，推动国家电网的品牌形象传播，进一步满足智能电网的互动需求，提高电网企业的管理运行水平，优化电力资源配置，从用能方面降低社会运行成本，为资源节约型和环境友好型社会的建设做出贡献。

7.1.5 非侵入式电力负荷量测技术及系统

国务院颁发的《关于积极推进“互联网+”行动的指导意见》提出，发展用户端智能化用能、能源共享经济和能源自由交易，促进能源消费生态体系建设。电力负荷用电监测是开展节电这项系统工程的第一步。

目前，高级量测体系大多采用传统计量电能表采集终端用电数据，这只能获得量测点处的总量用电信息，而无法得到安装点以下精确到电器的用电信息，传统的方式是为每种电器设备单独安装计量电能表；然而，这种方案具有存在监测死区，安装繁琐、成本高、可靠性低等缺点。基于NILM（Non-intrusive Load Monitoring，NILM）技术的负荷分项计量能够获取家庭内部不同负荷的用电细节信息，通过相应统计分析，可以实现精确建模与耗能特性分析，并提出有针对性的能效升级建议。

非侵入式负荷量测系统按照功能可以分为：软件管理层、数据通信层和数据采集层。其中数据通信层和数据采集层主要涉及硬件的安装与配置，软件管理层主要包含数据管理系统以及网络交互应用的开发。

7.1.6 智慧能源建筑技术

智慧能源建筑通过对建筑物整体的能耗设备进行统合监控、自动控制以及最优化管理，满足用户的高品质能源需求，同时采用以智能建筑为核心的节能技术，通过信息网络对空调、电力、照明等能源设备实行优化管理，实现建筑的高效节能。

高端制造、电子信息、金融等产业对综合能源供应品质、利用效率、用能经济性都提出了较高要求。传统建筑能源供给模式无法满足企业及商业楼宇的高效经济用能需求。有必要通过精确感知、用能分析、节能优化等技术，实现智慧能源建筑感知智能化、响应自动化和用能精细化。融合人体感应传感网络与人工智能分析技术，进行用户内部、用户与用户以及用户与电网的能源优化运行，通过建筑用能智慧化，可以实现如下目标。

（1）打造生态型、环保型、节能型的智慧能源建筑，有利于提高能源供需协调能力，推动能源清洁生产和就地消纳，减少弃风、弃光。

（2）实现多种能源分散供给、互联互补、协同优化运行，提升综合能源利用效率，创造更高的经济效益和社会效益，形成良好的示范带动作用。

（3）应用“大云物移智”等新技术，实现建筑能源监视、能源控制、智慧感知、协同调控。

7.1.7 智慧能源工厂技术

智慧能源工厂就是以更加精细和动态的方式管理生产，达到智慧供能状态，从而提高工厂的供能质量和生产效率。随着社会经济的发展和产业升级换代的完成，敏感用户尤其是高端制造业用户等在电力用户供电中所占的比重将越来越大。

（1）实现高品质分级供电。为缓解用电敏感工厂的供电质量需求与其实际电能质量水平存在差距的矛盾，建设高品质分级供电系统，保障工厂敏感线路电能供应安全稳定。

（2）实现高效供热。为提升热需求制造企业用户高品质用能体验，解决现有的分布式供热舒适性不足、清洁度不高、电采暖直热式供热支出成本高的问题，建设联合供热系统，实现清洁、高效、节支的能源供应。

7.1.8 智慧能源社区

智慧能源社区是智慧能源小镇重要组成部分。社区电/气/冷/热能源和信息双向交互、便捷服务，对小镇总体建设至关重要，也是公司综合能源服务业务拓展的重要领域。智慧能源社区将能源服务与社区服务相结合，进一步丰富了智慧社区的内涵，在主动服务、能源管理、用能分析和能源交易等方面寻求创新与突破。

智慧能源社区包括两个方面：一是社区综合能源系统建设，支持各类用能终端灵活接入，获取各类用能终端海量数据，为用户提供节能、分布式能源交易等能源服务；二是智慧能源社区服务平台建设，包含社交服务、社区物联、远程控制三大板块，涵盖社区节能、配电、监控、停车等业务。

智慧能源社区可采用由政府主导建设、以电网投资带动社会力量进入开展社区综合能源交易的形式。引入第三方服务提供商进行服务运营支撑，采用第三方与物业合作的运营方式，为不同用户提供全平台全生态智慧社区整体解决方案，实现用户、物业、商户、电网的多方共赢。

7.2 案例

7.2.1 某生态宜居型智慧能源小镇

1. 区域基本情况

某生态宜居型智慧能源小镇位于天津滨海新区中新天津生态城区域内，规划面积 800 万 m^2，规划人口 4 万。

按照城市规划，可再生能源利用比例将不低于 20%，100% 为绿色建筑，绿色出行比例达到 90%，人均能耗比国内城市人均水平要降低 20% 以上，为世界其他同类地区提供发展借鉴和参考的方案。

2. 建设基础

在智能电网方面，该小镇已接入光伏发电 11MW，风电 4.5MW，建成了动漫园区域多微电网、智能供电营业厅等 10 余项微电网典型示范工程；构建了 10kV 电缆双环网网架，实现配电网自愈；建成 100% 电力光纤到户，实现智能电能表全覆盖；形成拥有 19 座充电站和 248 个充电桩的电动汽车充电网络；建成 2 个智能家居样板间，5000 余户居民参与家庭能源管理，200 户大用户参与电网互动。目前，小镇产业结构日趋完善，入驻企业和常住居民走向高端化，对以电为中心的智慧能源供应和互动服务提出了更高要求。

在智慧城市方面，作为首批国家智慧城市一类试点，该小镇近年来建设了一批智慧项目，涵盖交通、社区、家居等方面，建成了诚信居民系统、诚信企业系统、区域感知系统三大系统平台。初步形成智慧交通体系，建设了行人守护系统；以公屋为试点，探索推进智能社区、智能家居建设；积极争取无人驾驶汽车、公交车在小镇试验，为技术应用走向市场化积累数据；以智慧网厅、智慧大厅为抓手，打造“互联网 +”电子政务服务体系，把智能产业作为未来产业的主攻方向，为智慧能源小镇建设提供了坚实的基础。

随着小镇产业结构不断完善提升，对供能品质和能源信息服务水平都提出了更高要求，通过开展能源物理网、能源信息网、能源服务网建设，从物理、信息、服务三个层面提升小镇能源服务智能化水平。

3. 特色指标

基于智慧城市物理基础和数据资源，以高度数字化、高度低碳化为主题，建设 800 万 m^2 生态宜居型智慧能源小镇。建成全域可控资源融合的虚拟电厂和综合储能系统，提升可再生能源利用比例、提高非侵入式负荷量测系统覆盖率、实现市政数据与电网数据深度融合，提升用户参与度和社会感知度，推动小镇人民生活方式变革。

4. 重点任务

围绕能源物理网、能源信息网、能源服务网三个方面开展示范区建设，建设构架如图 7–2 所示。建设网—源—荷—储多元可控资源融合的能源物理网，作为智慧能源小镇的物理基础；建设以“大云物移智”为核心的能源信息网，作为智慧能源小镇的实现手段；建设面向社区、交通、政务多对象的能源服务网，作为智慧能源小镇的应用平台。

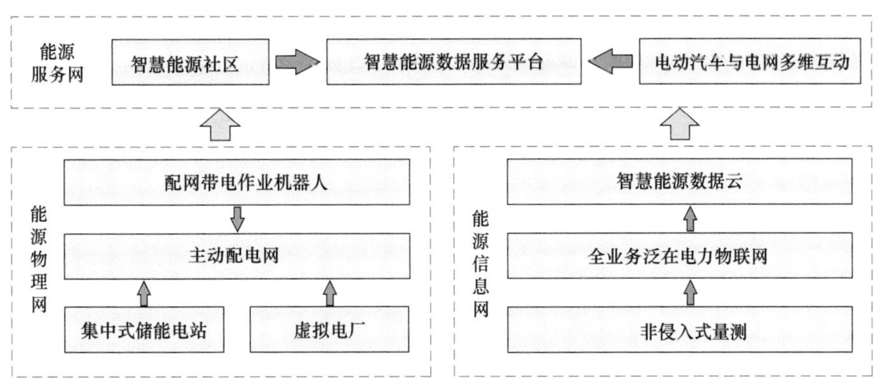

图 7–2 智慧能源小镇建设架构

主要建设内容包括 10 个子项，智慧能源小镇建设任务见表 7–1。重点在储能综合利用、非侵入式负荷量测等方面实现突破。

表 7–1 智慧能源小镇建设任务

建设项目		主要内容
能源物理网	1. 主动配电网	全面应用配电即插即用设备、状态感知装置，全面实现智能电能表非计量功能，支撑配电网主动感知、主动运维以及分布式能源主动管控
	2. 集中式储能电站	建设 10MW 集中式储能电站，在国内首次实现储能多业务场景综合利用（调峰 / 调频、交易优化、应急保障等）
	3. 虚拟电厂	建成国内首座源—荷—储融合调控的虚拟电厂，参与电网需求响应，含柔性负荷 10MW、分布式发电 3MW、储能 1MW
	4. 配网带电作业机器人	依托“时代楷模”张黎明负责的天津市重点科研项目，应用基于人工智能的配网带电作业机器人，在国内首次实现基于三维感知和多臂协作的智能化配网带电作业

续表

建设项目		主要内容
能源信息网	5. 非侵入式负荷量测系统	在国际上首次规模化部署面向居民、工商业等全用户类型（含5000户居民，200户工商户）的非侵入式负荷量测设备，实现精细化负荷监测与能耗预警等分析功能
	6. 全业务泛在电力物联网	研制应用边缘物联代理装置，实现各类量测设备的统一接入和泛在互联。构建全时空覆盖的立体通信网络，支撑综合能源服务全业务的通信接入与运营
	7. 小镇智慧能源数据云	整合小镇综合能源量测数据、智慧城市政务数据，采用先进云计算架构，建立多用户模式的能源数据云服务平台，支持多维互动、多能互补的海量信息处理
能源服务网	8. 智慧能源社区	建设10个智慧能源社区，获取各类用能终端海量数据，为用户提供节能、分布式能源交易等能源服务，以及社交服务、安防监控、远程控制、停车等公共服务
	9. 电动汽车与电网多维互动	建设风光互补交直流充电网络，在国内首次实现电动汽车与电网的多维度互动
	10. 智慧能源数据服务平台	整合内外部数据资源，为政府、企业、居民提供的多样化、定制化综合能源信息服务。覆盖企业用户353户，楼宇超市等非居用户1251户，居民13548户

7.2.2 某产城集约型智慧能源小镇

1. 区域基本情况

某产城集约型智慧能源小镇位于北辰产城融合区域内，是具有新型城镇区域特色的北方经济重镇，规划面积5.9 km^2，规划人口2万。该小镇秉承“产城融合”的发展理念，预期将建成全国智能制造示范基地、京津冀协同创新中心、国际化智慧生态新型城镇。

2. 建设基础

小镇已建成冷热电三联供120MW，光伏发电4MW，浅层地热供热30MW，地源热泵5MW。预计2020年，示范区用电需求86MW，供冷需求90MW，供热需求114MW。示范区高端制造、电子信息、金融、数据中心、商业综合体等产业发展迅猛，已入住西门子、长荣、远大住工、SMC等智能装备制造企业，具备“产城互动”功能布局，对冷热电气等综合能源供应品质和服务质量都提出了较高要求。

小镇地块属性清晰，能源供需互补性强，急需开展新一代综合能源网络建设，实现高品质供能和能源灵活交易，可通过用户级能源网、区域级能源网、综合能源系统管控与服务平台建设，建成北方典型新型城镇能源互联网。

3. 特色指标

面对小镇冷热电综合能源需求和产城用能互补特性，以产城集约、多能融合为主题，建成 5.9 km^2 产城集约型智慧能源小镇，以电为中心，实现风、光、气、地热 4 种一次能源互联融合，节省客户用能成本 30%。互动电力负荷 320 户、总容量 60MW，互动分布式储能 15 个、总容量 7.5MW，清洁能源自给率达到 100%，实现能耗监测、能效评价、能源托管模式等增值服务的客户容量超过 80MW。

4. 重点任务

围绕“用户多能融合、区域能源互联、综合服务平台”三个方面开展能源互联网建设，建设构架如图 7–3 所示。

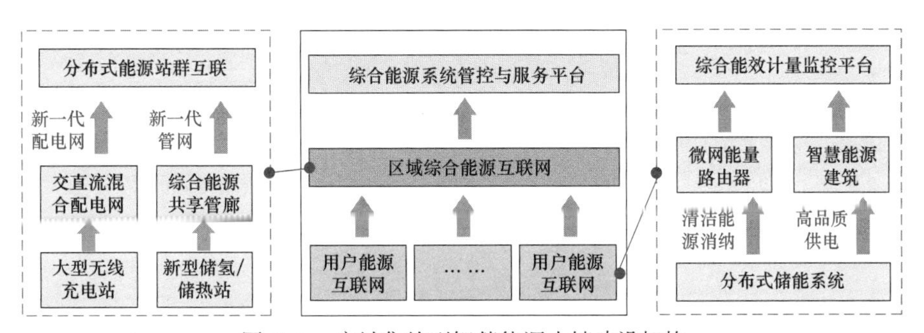

图 7–3　产城集约型智慧能源小镇建设架构

以综合能效监测、智慧能源建筑建设为核心，实现用户侧多能融合，建成小镇综合供能区域网；以分布式能源站、综合能源共享管廊为核心，实现区域能源互联，建成小镇综合供能骨干网；建设综合能源管控与服务平台，提供小镇综合能源系统的监控、运维、调度、交易等多种服务。产城集约型智慧能源小镇主要建设内容见表 7–2。

表 7-2 产城集约型智慧能源小镇建设任务

建设项目		主要内容
用户多能融合	1. 分布式储能系统	分布式储能总容量 7.5MW，布点不少于 15 个，解决清洁能源消纳、高可靠供电、电能质量提升等问题
	2. 微网能量路由器	具备多路单相、三相交流电接入及 240V、750V 多等级直流输入；可监控用户内部电、水、气、热等用能设备的运行状态，具备故障处理、能量优化等功能
	3. 智慧能源建筑	选择 20 户工商业楼宇、厂房，应用先进的人体感知、智能传感与人工智能技术，实现工商业楼宇、工厂用能需求自动感知与供能策略智能优化
	4. 综合能效计量监控平台	选取 5 个社区、20 户用能企业，建设用户电水气热等综合能源信息高频采集系统，实现动态精准能效测评
区域能源互联	5. 柔性交直流混合配电网	在国际上首次建设 10kV 四端口配电多状态开关，实现四路电源无缝切换、有功、无功功率独立控制、设备负载均衡，支撑分布式光伏、负荷直流接入
	6. 综合能源共享管廊	建设 1.4km 综合能源共享管廊，整合水、电、气、热、通信等城市工程管线，实现综合管线的全面实时监测及智能化管理
	7. 新型氢储能站和相变储热站	在国际上首次应用电网侧固态氢储能系统（500kW）、建立 700℃以上高温复合相变储热站（6MWh）
	8. 大型无线充电站	
	9. 分布式能源站群互联	国内首次应用多能信息交互装置，实现综合能源站互联互济，能源站群总容量大于 120MW
小镇综合能源管控平台	10. 综合能源系统管控与服务平台（小镇级）	综合能源规划、监控、交易、评价、运维等 5 大功能；接入客户超过 320 户，电力负荷超过 60MW

参考文献

[1] 黄汉江．建筑经济大辞典．上海：上海社会科学院出版社，1990.

[2] 张旭．热泵技术．北京：化学工业出版社，2007.

[3] 林宋，刘勇，郭瑜茹．光机电一体化技术应用 100 例．北京：机械工业出版社，2010.

[4] 王军．燃气发电机组故障分析及防范措施 [J]. 机电信息，2014（3）:41-42.

[5] 中国综合能源服务产业联盟．解析工业园区综合能源项目典型案例 [OL]. www.chinaden.cn/news_nr.asp?id=23731&Small_Class=3.

[6] 封红丽．综合能源服务模式调查：实践情况、运行成效及未来布局 [OL], http://news.bjx.com.cn/html/20180913/927811.shtml.

[7] 武汉市节能协会．鄂尔多斯冶金有限责任公司大型集群电炉低温烟气余热资源综合利用项目 [OL]. http://www.wuhaneca.org/view.php?id=14874.

[8] 张利，周戒，范洁群，等.TOT 项目融资模式及其风险分析 [J]. 四川建筑科学研究，2004，30（2）：119-121.

[9] 张逸萍．所有权视角下 BOO 模式风险研究 [D]. 武汉：武汉理工大学，2018.

[10] 路永华，李海燕．智慧城市项目建设运营模式对比分析 [J]. 物联网技术，2019，9（9）：74-78，81.

[11] 赵光辉，朱琴跃．智慧型建筑能源管理系统研究 [J]. 现代建筑电气，2018，9（04）：1-5，12.

[12] 孙宗宇，乔镖，曹勇．智慧能源建筑应用技术的发展与展望 [J]. 建筑科学，2018，34（09）：143-147.

[13] 中国综合能源服务产业联盟．解析商业园区综合能源项目案例 [OL]. http://www.chinaden.cn/news_nr.asp?id=23695&Small_Class=3.

[14] 张贱明，王宇，孙鼎浩，等．电能替代实用手册．北京：中国电力出版社，2018.

[15] 钱朝阳，王迎秋，徐阿元，等．电能替代技术发展及应用—走清洁、环保、可持续发展之路．北京：中国电力出版社，2015.

[16] 王迎秋，卢欣，赵宝国，等．综合能源服务技术与商业模式．北京：中国电力出版社，2018.

[17] 国家电网有限公司营销部．电能替代工作指导手册　供冷供暖领域．北京：中国电力出版社，2019.

[18] 吴庆华，姜晓嵩．国网江苏综合能源服务有限公司启动最大能源托管项目 [OL].http://shupeidian.bjx.com.cn/news/20180921/929581.shtml.

[19] 国网江苏省电力有限公司．基于客户侧泛在电力物联网的商业楼宇 CPS 投　运 [OL].http://www.js.sgcc.com.cn/html/main/col8/2019-08/19/20190819214820600882353_1.html.